重庆市出版专项资金资助

解码智能时代

刷新未来认知

信风智库　编著

撰稿人：曹一方　欧阳成　胡　潇　王思宇

重庆大学出版社

图书在版编目（CIP）数据

解码智能时代：刷新未来认知/信风智库编著.--
重庆：重庆大学出版社，2020.9（2020.9 重印）
ISBN 978-7-5689-2276-0

Ⅰ.①解… Ⅱ.①信… Ⅲ.①人工智能 Ⅳ.
①TP18

中国版本图书馆 CIP 数据核字（2020）第 110878 号

解码智能时代：刷新未来认知
JIEMA ZHINENG SHIDAI：SHUAXIN WEILAI RENZHI
信风智库 编著
策划编辑：杨粮菊
责任编辑：夏 宇 版式设计：杨粮菊
责任校对：邹 忌 责任印制：张 策

＊

重庆大学出版社出版发行
出版人：饶帮华
社址：重庆市沙坪坝区大学城西路 21 号
邮编：401331
电话：（023）88617190 88617185（中小学）
传真：（023）88617186 88617166
网址：http://www.cqup.com.cn
邮箱：fxk@ cqup.com.cn（营销中心）
全国新华书店经销
重庆升光电力印务有限公司印刷

＊

开本：720mm×960mm 1/16 印张：18.25 字数：276 千
2020 年 9 月第 1 版 2020 年 9 月第 2 次印刷
ISBN 978-7-5689-2276-0 定价：78.00 元

习近平强调，中国高度重视创新驱动发展，坚定贯彻新发展理念，加快推进数字产业化、产业数字化，努力推动高质量发展、创造高品质生活。中国愿积极参与数字经济国际合作，同各国携手推动数字经济健康发展，为世界经济增长培育新动力、开辟新空间。本次会议以"智能化：为经济赋能，为生活添彩"为主题，体现了世界经济发展的趋势，体现了各国人民对美好生活的期盼。希望与会代表深化交流合作，智汇八方、博采众长，共同推动数字经济发展，为构建人类命运共同体贡献智慧和力量。

选自《习近平向首届中国国际智能产业博览会致贺信》，载《人民日报》(2018 年 8 月 24 日 01 版)

习近平指出，当前，以互联网、大数据、人工智能等为代表的现代信息技术日新月异，新一轮科技革命和产业变革蓬勃推进，智能产业快速发展，对经济发展、社会进步、全球治理等方面产生重大而深远影响。

习近平强调，中国高度重视智能产业发展，加快数字产业化、产业数字化，推动数字经济和实体经济深度融合。中国愿同国际社会一道，共创智能时代，共享智能成果。

选自《习近平向2019中国国际智能产业博览会致贺信》，载《人民日报》(2019年8月27日01版)

目录 CONTENTS

目录 CONTENTS

1

大数据：数智时代的底层逻辑

第一节 颠覆与重构：大数据引发的思维变革

随着信息技术的快速演进与发展，海量数据几乎可以无成本地在全球范围流转，它使一切的人与人、物与物、人与物都连接在一起。这样一来，大数据便成为新发明和新服务的源泉，而数据本身也变成了人类极为重要的自然资源。

从这个角度来思考，大数据将为人类创造前所未有的可量化维度，也正在引发新一轮的智能时代大变革。这场变革，我们每个人都无法置身事外。

重新定义数据

我们先来解释一下数据，把这个词分开来看，"数"就是"数字"，可以把它比作所有具有意义的符号，而"据"则是"根据"与"证据"。

把它们放到一起来理解，数据就是对客观事件进行观察或记录的结果，是对客观事物的性质、状态以及相互关系等进行记载的物理符号组合，是对客观事物的逻辑归纳。

它可以是数字，也可以是具有一定意义的文字、图形、图像、视频和音频等，是对客观事物的属性、数量、位置及其相互关系进行描述的抽象符号。

从古至今，人类都试图把一切的知识和经验积累起来。但是，由于技术限制，古人并不能完全充分地传承与运用。而今天，随着经济、技术、文化及制度的进步，物理世界被数据化，整个人类社会将被颠覆，我们对于数据的积累和运用达到了前所未有的程度。

我们对数据的记录越来越全面而精确,对数据的应用需求日益增加。如果说此前的小数据时代,我们对数据的处理就像修水管一样,如今到了大数据时代,我们面对的则是江河,甚至海洋的治理,这发生了质的变化。

这要求我们不仅需要利用更先进的技术与工具,更需要提升洞察力、思辨力与决策力。所以,我们需要进行新一轮的认知觉醒与思维变革。

从抽样到总体

首先,是抽样思维到总体思维的转变。

以前我们开展研究时,都习惯采用抽样调查的方式。从想要研究的全部样品中抽取一部分样品单位,通过这些样品单位的分析与研究结果来估计和推断全部样品特性。

抽样调查是科学实验、质量检验、社会调查普遍采用的一种经济有效的研究方法,它在一定历史时期内,极大地推动了社会的发展。在数据采集难度大、分析和处理困难的时候,抽样调查绝对是一种非常好的权宜之计。

例如,我们想要计算洞庭湖中银鱼的数量,就可以事先对10000条银鱼打上特定记号,并将这些鱼均匀地投放到洞庭湖中。过一段时间进行捕捞,假设捕捞上来的10000条银鱼,有4条是打了记号的,那么我们可以得出结论,洞庭湖大概有2500万条银鱼。

这样的抽样调查既有优点,也有缺点。抽样保证了在客观条件达不到的情况下,可能得出一个相对可靠的结论,让研究有的放矢。

但抽样也带来了新的问题:抽样是不稳定的,从而可能导致结论与实际差异非常明显。上面的例子,有可能今天去捕捞得到打了记号的银鱼有4条,明天去捕捞得到打了记号的银鱼有400条。同样,我们不能因为一个高考状元后来发展得不好,就得出所有高考状元一定走向平庸的结论,这是抽样在极端情况下结论不稳定的极端表现。

以前我们对数据的收集、储存和处理的能力有限,随机抽样是最有效且成本最低的调查方法。但随着大数据技术的发展,我们已经具备了洞察所有样本的能力,进而解析全部的数据,这更能让我们无限接近100%

的真相。

比如，以前要了解全国人均寿命，只能随机调查全国几个城市的部分人均寿命，从而推断出全国大概的人均寿命。但是现在我们每一个人从出生到死亡的信息都会被记录，这样就可以分析出最准确的平均寿命。

从抽样思维到总体思维，是从过去的小数据时代到如今的大数据时代最重要的思维转变。

实际上，在很多情况下，现实是不允许我们进行抽样的。例如，为了获得中国的准确人口数量，为党和国家在制定政策与方针时，提供更加客观可靠的依据，我们基本不会采用抽样调查，而是采用人口普查。所谓人口普查，就是获得中国所有人的样本，计算中国的精确人口数量。

从精准到容错

其次，是精准思维到容错思维的转变。

在小数据时代，我们习惯了抽样。一般来说，全样的样本数量是抽样样本数量的很多倍，因此抽样的一丁点错误，就容易导致结论的"差之毫厘，谬以千里"。为保证抽样得出的结论相对可靠，人们对抽样的数据要求精益求精，容不得半点差错。

这种对数据质量近乎疯狂的追求，是小数据时代的必然要求。这样一来，一方面，极大地增加了数据预处理的代价，大量的数据清洗算法和模型被提出，导致系统逻辑特别复杂。另一方面，不同的数据清洗模型可能会造成清洗后的数据差异很大，从而进一步增加了数据结论的不稳定性。

还有一个容易被忽视的事实是，现实世界本身就是不完美的，现实中的数据本身就存在异常、纰漏、疏忽，甚至错误。将抽样数据极致清洗后，很可能导致结论反而不符合客观事实。这也是很多小数据的模型，在测试阶段效果非常好，到了实际环境效果就非常差的原因。

随着大数据技术的不断突破，我们已经有技术与能力进行全样数据分析，就更应该关注效率而不是精确度，甚至可以容忍其中的一些纰漏和错误，因为我们获得的数据量绝对庞大，其结果更加接近客观事实。

　　为了统计消费物价指数，美国劳工统计局以前每年都会花费一大笔钱，雇用很多人向全美 90 个城市的商店打电话、发传真甚至登门拜访。这些传统方式收集的数据虽然精确有序，但结果却是滞后的。

　　后来，麻省理工学院两位专家提出了一个大数据解决方案。通过一个软件系统在互联网上收集信息，他们每天可以收集到 50 万种商品的价格。这些数据虽然非常庞杂且混乱，但是把它们和分析算法相结合，就能及时发现消费物价指数的变化，这让消费物价指数的统计更有效率。

　　所以说，大数据标志着人类在寻求量化和认识世界的道路上前进了一大步。过去不可计量、存储、分析和共享的很多东西都被数据化了，拥有大量的数据和更多不那么精确的数据，为我们理解世界打开了一扇新的大门。

　　过去寻求精确度，现在寻求高效率；过去寻求因果性，现在寻求相关性；过去寻找确定性，现在寻找概率性，对不精确的数据结果已能容忍。只要大数据分析指出可能性，就会有相应的结果，从而帮助我们快速决策、快速动作、抢占先机。

从因果到相关

　　最后，是从因果思维转向相关思维。

　　在小数据时代，我们大多数时候相信因果关系。但在大数据时代，因果关系是脆弱的，是一种非常片面的逻辑关系，"有因必有果"的结论也非常武断，甚至在某些情况下这种关系是错误的，或者是不合时宜的。

　　以前大家都认为天鹅是白色的，"因为是天鹅，所以是白色的"曾被世界上所有人奉为经典。但是当人们在澳大利亚发现了黑天鹅的时候，世人关于天鹅的认知体系崩溃了。

　　我们曾经引为经典，认为千真万确的牛顿力学理论，在高速运行的世界里全被颠覆了。许许多多曾经认为理所当然的因果关系荡然无存。这都说明因果关系是非常脆弱的，非常不稳定的。

　　在大数据时代，我们不追求抽样，而追求全样。当全部数据都加入分析的时候，只要有一个反例，因果关系就不成立，因此在大数据时代，因果关系变得几乎不可能。所以我们要寻找另一种关系，那就是相关关系。

大数据时代，我们要去追求"是什么"，而不要执着"为什么"。这有点像机械思维，即我们按了那个按钮，就一定会出现相应的结果，而不需要去挖掘中间非常紧密的、明确的因果关系，只需要找到相关关系和迹象就可以了。

举个例子，经济学中有一个"啤酒尿布"现象——将尿布和啤酒放在一起售卖，这两种产品的销量会同时增加。很多经济学家希望通过因果关系找出其中原因，比如家庭主妇采购尿布时，看到啤酒就会顺便为丈夫购买一点。

很多男人去超市买了啤酒后也会顺便买纸尿裤，但不是买啤酒就一定买纸尿裤。因此，啤酒和纸尿裤的关系不能算因果关系，而只能是一种相关关系，所以我们只需要借鉴使用这种组合销售的方式就行了。

又比如，一家超市竟然从一位 19 岁女孩的购物清单中，发现了她怀孕的事实；腾讯一项针对社交网络的统计显示，爱看家庭剧的男性人数是女性人数的两倍多；2019 年，支付宝中无线支付比例排名前十的地区，竟然有青海、西藏和内蒙古。

大数据透露出来的信息，确实会得出颠覆性的结论，所以我们不能用因果关系去探求其中的关联，而应该用相关思维去利用大数据带来的结论与价值。如何转变这种思维，是大数据时代下最值得我们思考的问题。

大数据的无限可能

用大数据进行城市规划。我们可以通过对城市地理与气象等自然信息，以及经济、社会、文化和人口等人文社会信息的搜集和分析，为城市规划提供更优的决策，更好地帮助城市发展。

用大数据进行交通管理。我们可以通过对道路交通信息的实时挖掘，有效缓解交通拥堵，并且快速响应突发状况，为城市交通的良性运转提供科学的决策依据。

用大数据监控舆情。我们可以通过网络关键词搜索及语义智能分析，提高舆情分析的及时性和全面性，全面掌握社情民意，提高公共服务能力，应对网络突发公共事件，有效打击违法犯罪。

用大数据辅助安防。我们可以通过大数据及时发现人为或自然灾害及恐怖事件，提高应急处理能力和安全防范能力。

大数据已经潜移默化地渗透到我们工作和生活的方方面面，为这个时代带来了巨大的变革。

第二节　大数据时代下的新商业逻辑

在传统商业体系下，所有的商业逻辑都是基于信息不对称而产生的。比如电视台、报纸和网络等广告模式；比如以企业自身为中心，生产各种产品进行出售；比如传统金融机构大都依赖于吸储放贷的业务模式。

但是，在大数据时代，我们所有的人、事、物都被数据化，并在整个数据生态中相互产生"关系"，这让我们获得了无限的信息对称。所以，之前一切基于信息不对称的商业逻辑，将会被极大程度地颠覆，新的商业逻辑应运而生。

极度颗粒化下的精准服务

销售数据分析能够实现对用户精准化、个性化的营销；传媒广告可以分析什么样的广告更加深入人心；酒店可以为客户提供个性化的房间；旅游公司可以为客户制订专属的行程……

大数据已经渗透到当今每一个行业和每一项业务，成为重要的生产资料，而大数据时代的商业逻辑究竟是什么呢？

　　谷歌是人类历史上第一个大数据驱动的精准广告服务商。大家都知道，传统广告的效果从来都没有办法准确评估，而谷歌的精准广告打破了这一桎梏。谷歌的逻辑是，通过平台被搜索的关键词来挖掘这些领域相关的潜在客户，从而为他们匹配非常精准的广告。

　　这其中最根本的商业变化，就是颠覆了传统广告的成本结构。过去企业做广告，类似固定资产投入，投放后产生收入的周期非常长，而且不精准。但采用精准广告模式之后，广告基本上变成了可变成本。因为谷歌的广告模式是根据效果付费的，而且价格通过实时在线决定，由市场竞价。

　　所以，我们可以看到大数据时代商业逻辑最大的特点就是精准。

　　比如你在淘宝上投一则广告，一个月内最终产生多少销售额，淘宝都能告诉你。投100元还是1万元合适，可以算得很清楚，这就是精准广告模式。

　　可见，只有精准才能让商业效率得到巨大提升。精准是商业未来最核心的要求，而那些无法为用户提供精准服务的企业，则很快会被淘汰，只有做到了精准，企业才有资格进入下一轮商业竞争。

　　这种精准，不但需要企业根据不同的用户提供服务，还需要掌握用户在何地、何时、何种场景之下需要服务。同一个用户在早上起床和晚上睡前的需求是不一样的。所以，精准所要追求的方向，是在极度颗粒化的场景下，依然能找到具体时间点的需求，然后按需服务。

　　例如，我们通过大数据能够精准地为商店分辨是熟客还是新客，店员就不用再像以前那般，每次都千篇一律地对顾客说："先生，我能帮您吗？"而是可以直接跟顾客说："最近有几款新商品，我想您可能会喜欢，您要不要看看？"这会大大影响今天门店服务客户的方式。

　　当更加全面而精准地掌握了一个消费者的习惯数据时，我们甚至能够在你走向商店的路上，就为你提前准备好你想喝的咖啡，这种本领在传统的零售业是很难想象的。

　　在大数据时代，我们以协作网络的方式，既获取海量用户行为数据，进行综合模型分析，又不断获取一个人在不同场景、不同状态下的更多数据,获得准确的个体反馈,寻找相关联系。

微博、微信、淘宝与支付宝等互联网平台,就是典型的协作网络。它们汇聚了海量的用户数据,通过综合模型分析满足亿万用户的需求,在服务每个用户的同时,又获取了丰富的个体用户行为数据。

如果将你在这些平台上的所有数据都全面打通,那么大数据对你的理解将变得全面且立体,就可以在某个具体瞬间捕捉到你当下最迫切的某种需求。

只有当大数据能满足千万人需求的时候,才能真正满足一个人的需求,这其实是一次非常有趣的颠覆式突破。

通往数据金矿之路

对于企业而言,实现新商业逻辑的唯一方法,就是持续地与用户互动,根据数据反馈来进行产品与服务的迭代和优化。因此,先要建立起一个有效的互动通道,将用户连接起来,再通过各种各样的方法,去试探用户的反馈。最终,双方动态匹配形成某个时间节点的最优服务,而这个服务又会随着用户需求不断演化。下表列出了部分企业的大数据策略。

互联网企业的大数据策略

互联网企业	大数据策略
苹果	依靠操作系统和颠覆性的终端,正在努力打造大数据的生成之地
谷歌	主要依靠操作系统、搜索引擎和"Google+"平台整合终端产品,以储备可以利用的大数据
亚马逊	作为云计算的最早倡导者之一,通过网络平台、云计算平台和阅读终端,期望建立起一个电子商务垂直领域的大数据汇集地

显然,这一过程仅靠人力注定无法完成,背后需要大数据与人工智能的支撑,只有用机器决策取代人力决策,才能在足够短的时间内快速学

习、提升和逼近可能的潜在需求，这样得出的判断才是精准的。

还是以淘宝为例。淘宝不仅能记录买家的购买数据和浏览数据，就连买家在两个浏览行为之间，停留了多少时间这样微小的动作都会逐一记录。这些数据的价值在当下或许不会得到体现，但在将来用户需求发生变化时，也许就能对淘宝产生极大的帮助。

精准商业要建立在和用户的持续性互动关系之上，在这种持续性互动中，对产品和服务进行迭代和优化，从而更加精准；同时，要与用户建立持续性互动关系，就必须以个性化、一对一的方法来实现与用户的连接，才有可能互动起来。这是大数据时代下企业打造数据资产的思路。

如何利用大数据，掌握数据资产，进行智能化决策，已成为企业脱颖而出的关键。而其中应用最为广泛的是数据库营销。

营销战场上的秘密武器

数据库营销的前提是要有一个数据库，它的内容涵盖可以是现有顾客和潜在顾客。这个数据库是动态的，可以随时扩充和更新。基于对这个数据库的分析，能帮企业确认目标消费者，更迅速、更准确地抓住他们的需求，然后用更有效的方式把产品和服务信息传达给他们。

沃尔玛是零售业里最先意识到"大数据时代"来临的企业之一，他们的反应速度也不可谓不快。利用高人一等的计算机技术，沃尔玛建立了属于自己的数据库，以及一款大数据工具——Retail Link。

这个工具把沃尔玛的整个生产链、经营链和销售链绑在了一起。沃尔玛总部是公司的大脑，指挥供应商、零售商等进行具体的营销工作。在以前，这种指挥需要一个很长的反应时间，往往总部想要推广一个新产品，下面要足足花几个月的时间才能实现推广目标。

Retail Link 的出现，让供应商、零售商能够立刻了解每家沃尔玛门店的销售状况和库存，然后在常规流程做出反应之前，率先做出自主决策。这样一来，不仅节省了大量管理和营销成本，还紧密地把沃尔玛的员工和供应商联系到了一起，极大地提高了工作效率。

其核心总的来说就是一点：利用数据库和数据处理技术，提高数据在各部门、各体系的关联性，用数据来维系企业的各个经营管理环节。这样一来，从生产、管理到销售这一链条更加紧密，周转效率和市场回报率均得到大幅度提升。

数据库营销不仅受到沃尔玛、麦德龙等传统企业的重视，像亚马逊这样的电商企业对其更是十分重视。比如，当客户向亚马逊购买一本书，亚马逊会自动记录下顾客的电子邮箱地址、图书类别，之后会定期以电子邮件的形式向顾客推荐此类新书。这种方式极大地推动了亚马逊网上销售业务的增长。

我们看到有很多跨国汽车巨头，已经纷纷开始采用数据库营销。奔驰新"M"级越野车就是运用这种方式取得了极大的成功。

当时，梅赛德斯·奔驰公司新"M"级越野车决定在美国进行市场投放。面对竞争激烈的汽车市场，传统的广告效应已经不能保证销售的成功。它必须尝试新的营销模式，试图有所突破。

梅赛德斯美国公司收集了所有奔驰车拥有者的详细信息，将它们输入数据库。接着，他们根据数据库的名单，发送了一系列信件。

首先是梅赛德斯美国公司总裁亲笔签名的信，大意是"我们梅赛德斯公司正在设计一款全新的越野车，我想知道您是否愿意助我们一臂之力"。该信得到了积极的回复。每位回信者均收到了一系列调查问卷，就设计问题征询意见。

有趣的是，在收到调查问卷的同时，梅赛德斯公司不断收到该车的预约订单。客户感觉梅赛德斯在为他们定做越野车。结果，梅赛德斯原定于第一年销售35000辆"M"级越野车的目标仅靠问卷就完成了。公司原计划投入7000万美元营销费用，通过数据库营销策略的实施，将预算费用减至4800万美元，节省了2200万美元。

数据库营销在一定程度上加强了企业营销的秘密性，可与消费者建立紧密关系，一般不会引起竞争对手的注意，避免公开对抗。如今，很多知名企业都将这种现代化的营销手段运用到自己的企业，将其作为一种秘密武器运用于激烈的市场竞争中，从而在市场上站稳脚跟。

得数据者得天下

通过上述案例，我们可以得出这样一个结论：新商业时代，得数据者得天下。那未来究竟哪种公司能够脱颖而出呢？

第一类是基于数据自营的企业。这类企业自身拥有海量数据和大数据技术，同时具备一定的分析能力，能够根据数据分析结果，改进现有产品或预测未来趋势。

这种模式的最大价值在于，能根据分析结果进行商业决策，通过不断改进原有产品、推出新产品以及预测企业的发展方向，使企业持续获得利润。但是这种商业模式只适用于一部分企业。它们必须覆盖大数据产业链的各个环节，集数据生成、存储、处理和应用于一体，形成了良好的产业闭环。

第二类是技术型企业，即技术供应商、咨询公司或分析公司。它们不一定拥有大量的数据，但是它们拥有专业的大数据技术，可以运用大数据分析，为其他商业生态链条提供有效的技术支持。

通过建立平台，实现数据的分析、分享和交易等功能，为用户提供方便快捷的个性化平台服务从而获取利润。数据平台模式适用于技术创新型企业，因其拥有先进的平台技术，能够自如地利用平台进行数据处理和交易。由于这种模式是由技术驱动的，只要技术不断创新，未来将不可估量。

第三类则是基于思维创新的企业。这些企业成长的秘诀不是在于数据和技术，而是在于思维。世界的本质是信息和数据，而这类企业可以通过大数据看到新视角，找到新机会。

比如社交旅行创业公司Jetpac，根据用户在网上分享的旅游照片，为用户智能推荐下一次的旅游景点。它就是通过大数据的相关思维，产生新颖的想法，创造用户价值，最后被谷歌斥巨资收购。

第三节 大数据的数据，究竟从哪里来

以大数据为核心的智能化革命，之所以会在今天大爆发，是因为在全球范围内，数据都在呈爆炸式的增长。

由于大数据具有数据量大、维度多和数据完备等特点，所以它的收集、存储、处理和应用，都与传统的统计方式有很大不同。

在传统意义上，我们收集数据的方式是先有一个目的，然后冲着这个目的去采集数据。

比如，人们发现天王星的运动轨迹和牛顿力学预测的不一样，于是推测在天王星之外，应该还有一个质量更大的行星在干扰天王星的轨迹。根据这一猜想，天文学家拍摄了大量的星空照片，从中发现了海王星。

而大数据时代，并非按图索骥。数据收集往往没有预先设定的目标，而是先把数据收集起来，再进行相关分析，进而得出结论。正是因为在收集数据时没有前提和假设，大数据分析才能给我们带来更多意想不到的惊喜。

比如，我们想要了解收视率，就通过电视机顶盒或智能电视，获取全量用户的使用习惯数据。这种全量数据还能分析出广告插播效果与观众喜好特点等更具经济价值的指标。

实际上，无论是企业还是个人，无论我们承认与否，在大数据时代，我们周围到处都充斥着碎片化的数据。因此，我们很容易迷失在海量的数据之中。

如何收集有价值的数据

这就需要我们跳出思维定式的框架，从相关联的行业和业务中，去收

集能够为现有业务所用或者提供佐证的数据。

亚马逊的数据收集有一个很经典的例子。在很多年前，亚马逊就主动去收集用户的 IP 地址，然后从 IP 地址破译出用户所处位置附近是否有书店。工作人员从收集到的数据中了解到，一个人是否选择在网上买书，很重要的原因是附近有没有书店。这就是主动收集数据，即通过收集相关联的外部数据，判断线下是否存在潜在的竞争对手。

其实，我们在做数据收集的时候，并不总是能够直接收集到所需要的关键数据，这时候就需要变通一下了。

谷歌是一个很重视数据的公司，它想了解每一个家庭的日常生活状态。于是，它推出了自己研发的电视机顶盒谷歌 TV，试图进入电视广告市场，但是销量不尽如人意。

谷歌又是如何转换思路的呢？它转而收购了一家做智能家居的初创公司，通过收集大量智能电器的开关机时间、用电量以及使用频率等数据，可以分析出用户几点回家、几点看电视、几点吃饭和几点睡觉等日常行为，这对于谷歌来说非常有价值。

不仅如此，谷歌还收购了一家家庭录像监控公司，从而获得了维度更加丰富的家庭影像数据。通过这两次收购，谷歌弯道超车，构建了相当全面、立体且精准的家庭数据库，为公司未来战略提供了决策支撑。

很多机遇就是在这种思路中产生的。比如在外贸行业，我们如何得知什么样的海外新品能够大受欢迎？我们如何才能收集到国际用户的数据？有些厂家会参照海关数据，但是海关的数据往往是滞后的，无法让企业及时获取行业的发展趋势。

最好的办法是在国际搜索引擎上，关注营销专家或外贸经理搜索浏览的数据，看他们换了什么关键词，就可以了解外贸的商品发展趋势。

以鞋类为例，我们可以先观察在美国做得最好的几家鞋类网站，它们买入了什么关键词、变换了什么关键词、有什么关键词是常态的，以及有什么关键词是在季节更迭的时候才买入的。

在观察到这些变化之后，我们再到谷歌上去观察关键词的增长趋势，去 eBay 看看这一款鞋子有没有交易及价格的变化。在知道 eBay 有交易之后,我们再放到国内电商平台中搜索这个产品。如果没有出现相应的搜索结果,就意味着这可能是一个良机。

收集用户数据最好的方式,就是去观察行业内对这个数据最敏感的那些人。生活中也有这样的例子。

比如你想知道香港的某家酒楼生意好不好,你问问门口卖报纸的人就知道了——香港人喜欢在喝茶的时候买一份报纸。其实,这个规律是香港税务局发现的。香港税务局如果担心酒楼虚报营业额,可以通过卖报纸的商家卖了多少份报纸来判断,这是一个非常有趣却很实际的数据收集案例。

对于数据的灵活运用,完全取决于我们是否了解自己拥有多少数据,是否能够筛选出到底什么是核心数据,什么数据会被我们频繁地使用。

就拿电子商务的数据收集为例,比如母婴类目,很多电商通过客户购买的特定品类来推算出宝宝最新的一个年龄阶段;在汽车类目上,电商会通过客户购买的机油、滤清器等型号来推算出客户的车型;又比如从一个用户购买衣服的历史尺码来观察用户是否有身材上的变化。

所以,就数据收集而言,最重要的不是看我们收集了什么数据,而是要思考收集这些数据到底有什么用。用一句话来说,就是收集数据不是目的,收集起来的数据如何产生价值才是最终的目标。

数据储存难题

除了数据收集,数据储存同样重要。我们并非仅是把收集过来的数据放到硬盘里面那么简单,更重要的是对数据进行分类、存放及管理。不然就如同一个杂乱的储藏室——放东西进去的时候很轻松,但是要知道哪些东西有用,或者拿出东西的时候就不那么简单了,甚至可能再也找不到。

面对海量数据,如何有效地储存,最大限度地发挥数据价值,成了我们面临的问题。比如,如何让数据不丢失,如何保护数据的安全,如何让数据准确和稳定以及如何更好地运用数据。

要知道，通过技术手段实现数据云端储存，这只是基础。大数据储存真正面临的难题是，如何用标准化的数据格式来储存数据实现共享？

在过去，每个公司都有自己的数据格式与标准，它们只在自己的领域里使用自己的数据。但是，到了大数据时代，我们希望通过数据之间的相关性去寻找事物之间的关联。这就需要各个机构之间打通数据格式与标准。

举个例子，我们通过可穿戴设备，将每一个用户的生活饮食习惯收集起来，然后再和他们的医疗数据甚至是基因数据相结合，就能够预测出不同个体在不同环境下的潜在疾病风险，进而及时地建议他们改进生活饮食习惯，提前预防。

这是一个非常好的愿景。但是其中面临的难题是，每个人的生活数据、医疗数据和基因数据，格式与标准都不同。不是在统一格式与标准下存储的数据，就没有办法通过统一方式去分析。所以，如何打通原有数据的格式与标准，是大数据储存未来最大的挑战。

数据标注的隐秘产业

正因为大数据的收集是海量且漫无目的的，所以也增加了我们处理大数据的难度。由于这些数据没有固定格式，杂乱无章，因此我们要对这些数据进行过滤和清洗，去除无效数据，将关联数据进行格式化的分类整理，以便进一步使用。

在这个过程中，我们不得不提到一个很重要的环节——数据标注。

我们都知道，大数据与人工智能的发展是相辅相成的。机器智能化就需要通过大量数据与算法持续地学习，这就是所谓的机器学习。那么，我们如何为机器提供高质量的"学习资料"？

这时，我们就需要数据标注。它是对海量、复杂且多源的语音、图像或视频等数据进行标明注解，从而转化为机器可以识别和学习的信息。

比如，自动驾驶汽车的识别系统，曾经一度很难分辨猫和狗。这是因为从外形上看，猫和狗非常接近，而自动驾驶识别系统，还无法从一些细微的差异来分辨两者的不同。这就需要大量人工在成千上万含有猫和狗的图像中，将两者的细微差异标注出来，再让机器按照人工标注的差异点与相应的视觉识别算法来学习。

这就是数据标注的核心，也是整个大数据智能化发展中不可或缺的一环。2019年，国内数据标注产业规模已经超过100亿元。

目前，有些公司会自建内部团队，负责开发标注工具和完成大量数据标注任务，如小米、旷视和英伟达。但大多数人工智能企业为了集中精力研发，会将数据标注业务外包。此外，学术机构、政府及银行等都有数据标注外包需求。

承接数据标注外包业务的，往往是"数据工厂"。它们是专门从事数据标注的企业或团队，数据工厂里的全职标注员常被比作"数据民工"。数据工厂的优点是标注人员稳定、可与甲方即时沟通，易把控数据质量，一对一传递也降低了数据泄露的可能性。

因为有巨大的市场需求，数据标注也催生出众包服务平台，比如国内的百度众测、京东众智与数据堂等，以及世界上第一个众包平台——亚马逊劳务众包平台（Amazon Mechanical Turk）。

Amazon Mechanical Turk，2005年出现于美国，最初是为了解决亚马逊公司的内需，后来对外开放成为数据标注众包平台，平台可抽成每单任务奖金的10%，截至2019年底，该平台注册用户达80万人。

2007年，著名人工智能专家李飞飞带领团队创建的世界最大图像识别数据库ImageNet，其超过1400万张被分类的图片便是依赖于Amazon Mechanical Turk上5万名用户耗时两年完成的。

在中国，数据标注业务更是利用人口红利的优势，正在如火如荼地发展。有一个细节值得一提，当你用注册用户身份登录某些网站时，它会让你在一张图片上，按顺序找出几个汉字，或者点选图片上物体的名称。其实，你已经不知不觉地在为某个机构免费标注数据了。

第四节　你的数据域隐私安全吗

不可否认，大数据是有原罪的。

举一个例子：你和你的朋友，在同一个地方用同一个打车软件平台，到同一个目的地，或者用同一个在线旅游平台订同一趟航班的机票，有可能你们两人会分别看到截然不同的价格。这是为什么呢？

这是因为这些平台公司，掌握了你们两人的消费数据甚至是财产数据，分析出谁对价格更敏感，进而区别定价。大数据"杀熟"的背后，其实是数据泄露、隐私贩卖与动态定价等违背道德与法规的阴暗手段。

这一切问题的本质，其实是对于以我们个人为主体的数据，我们自身却无法掌握与运用，只能沦为各大互联网公司争相抢夺的金矿。

我们从大数据的背后，可以看到一个商业逐利的世界。一方面，数据越清晰、越全面、越真实，就越有利于个性化生产，避免资源浪费，比如精准营销、个性化页面、私人定制服务；另一方面，数据又带来了信息茧房与信息窄化的风险。

大数据"操纵"人心

大数据要求更加开放甚至是无限制的连接，但同时又将伤害个人的隐私和权利。这可以说是大数据时代最大的冲突与矛盾。大数据这一新兴技术甚至可以充当操纵社会民意的工具。

特朗普和奥巴马两任美国总统，都被爆出过在竞选总统的过程中，雇用数据科学家团队，间接通过社交网站收集了千万选民的海量数据。然后，再用大数据分析，根据不同类型选民的不同偏好，精准推送有利于自已当选的煽动性内容。

比如，对于义愤填膺的爱国者，推送打鸡血的文章，呼吁他们为美国而战；对于精英阶层，推送理性而高深的分析，获得他们的强烈共鸣；而对于反对派人士，则推送竞选对手的负面新闻，让他们对竞选对手彻底失望。最终，一举攻破这部分选民的心理防线，操纵他们的政治情绪，成功当选总统。

这类事件背后，我们不但看到了数据泄露问题，同样也看到了大数据可以成为影响、操纵、控制他人心理和观点的可怕工具。

我们很难想象，大数据和心理学相结合，能够爆发出多大的威力。研究人员发现，通过社交网站的数据可以判断一个人的心理特质，其判断结果甚至比调查访谈这个人的亲朋好友还要准确。

也就是说，只要有足够的社交数据，算法就可以自动判别一个人的心理特质，甚至仅仅凭借"点赞"数据就可以完成，因为没有无缘无故的爱，每一个"点赞"背后都有原因。

如果掌握一个人在网站上的 10 个"点赞"，算法对他的了解就可能超过他的普通同事；掌握 70 个就可能超过他的朋友；掌握 150 个就可能超过其家庭成员；掌握 300 个就可能超过其最亲密的妻子或丈夫。

剑桥分析公司在这条路上走得更远。他们把 8700 万人的社交数据和美国商业市场上 2.2 亿人的消费数据进行匹配、组合和串联，找出谁是谁，然后就性别、年龄、兴趣爱好、性格特点、职业专长、政治立场、观点倾向等上百个维度给选民一一打上标签，进行心理画像，建立心理档案，再通过这些心理档案开展分析，总结出不同人群的希望点、恐惧点、共鸣点、兴奋点、煽情点以及"心结"所在。

掌握了一个人的"心结"，就可以评估一个人最容易受哪种信息的影响，就可以知道信息该如何包装、如何推送，才能搔到接收者的痒处，潜移默化地影响一个人的选择和判断。

现代广告业已经有上百年历史，它和心理学的发展紧密相关。从 20世纪头十年开始，广告商就采用统计分析的方法研究如何编辑、呈现信息，希望以情动人，感召大众掏出钱来。

这个过程就好像爱迪生为了找到灯丝的最佳选材，连续做了 1600 多次试验，最终发现了钨丝一样，广告商通过不断试错发现了组织、呈现信息的最佳配方。心理学已经证明，人类虽然有理智，但人性中也有很多"漏洞"，人类大部分时候都会被情感左右，一些简单的伎俩就可以影响、操纵人类的情感。

所以，我们真正面对的问题在于，仅仅通过公开的数据，互联网就可以成为影响、操纵、控制他人心理和观点的媒介工具，那么这就不仅仅是隐私侵犯，而是心理入侵、思想入侵、意识入侵。

那么怎么办呢？为了保护公民的数据隐私，2018 年，欧盟出台了《通用数据保护条例》，不仅明文规定，除非有明确的法律依据，比如公民自愿或同意给予，否则企业不得收集或处理任何一个公民的数据，还尤其赋予了公民个人对于数据访问、整改、移植和删除等权利。如今在全球范围内，这一条例已经成为数据安全与隐私保护的参照标准。

数据产权的未来归属

实际上，这里我们已经触及一个非常核心的问题：数据作为一种新兴资产，它到底应该归属于公有还是私有？归属于数据主体还是产生数据的网络平台、巨头公司？

众所周知，在大众认识到数据的价值之前，一系列互联网公司就已经完成了对大众消费者数据的掠夺和积累。它们拥有了庞大的数据资产，但这些用户数据如何被使用，被谁使用，有多少拷贝，保存在哪里，用户一无所知。

而更让我们不满的是，因为海量数据的商业价值，资本市场给予了巨头公司巨额估值，但这些数据的贡献者，也就是用户本身，却丝毫分享不到一丝由此带来的资本溢价。

虽然对单个消费者来说，一条数据一开始是没有任何意义和价值的，但当无数的消费者都把数据沉淀在一个平台之上，价值则开始凸显和放大。平台可以通过算法对这些消费者进行自动窥视和推算，向他们推送精准的广告，为他们提供个性化的商品服务。

广告就是收入。我们从阿里巴巴和百度的财报中可以看到，广告收入占比一度超过了80%。不只是阿里巴巴和百度，几乎所有的互联网公司都靠广告收入生存。

互联网巨头之所以能够赚得盆满钵满，其基础正是借助对这些数据资产的运营，它们通过数据"读心"，掌控消费者，实现供需关系的精准匹配，从而赢得了广告主的青睐。

互联网巨头通过我们的数据赚取巨额利润，但作为提供数据的消费者，却无法获得相应的报酬，这是我们要应对的另一个数据产权问题。

面对这一难题，我们是否应该停止向巨头公司继续贡献数据呢？殊不知，这基本上等于切断人类通向数智化时代的道路。那么，问题该如何解决呢？

区块链引发的通证经济模式，给出了一种解决办法。如果把个人数据都放到一条公链的各个区块上，有第三方想使用个人数据，就必须经过数据主体的认证与同意，认证的过程也是经济价值交换的过程，同时还会留下不可篡改的使用痕迹。

实际上，任何事物都有两面性。从本质上讲，大数据的原罪，其实更是人性的原罪。所以，欧盟《通用数据保护条例》、区块链个人数据公链以及数据脱敏等法规制度与技术模式，不仅是在弥补大数据技术的道德漏洞与产权问题，更是在对人性的阴暗面进行约束。

我们无论是谈论大数据隐私、大数据产权还是人性道德，都绕不开一个结论，那就是新隐私观的建立。因为即使是隐私问题，随着人工智能的发展，它也会出现新的态势。

例如，被舆论频繁诟病的"大数据杀熟"，是通过算法对数据的自动处理实现的，主观上它没有泄露任何人的数据。我们使用"今日头条"，它可以根据个人浏览点击的记录推测出个人喜好，做出精准推送，个人信息看似被泄露了，可是处理这些信息的，并不是某个具体的人，而是算法和机器。它们自动运行，自行匹配，人为干预的程度很低。

那么，这种情况该不该简单地被认定为侵犯个人隐私呢？你的数据都是算法和机器在处理，并没有被泄露给"人"，在一定程度上，你的隐私并没有受到"人为"的侵犯。那么，我们的数据需不需要对算法和机器保密，这才是一个新的问题。

我们不会介意自然环境在注视或监视我们，那是否介意算法和机器注视着我们？或者说，我们应该介意吗？未来，算法和机器就是我们生活环境的一部分，让机器了解我们，向机器开放我们的数据，这恐怕是通向智能时代、机器人时代、人机协同时代唯一的选择。

高透明社会

你一定听到过这样的说法：大数据比你自己更了解你自己。这一点也不奇怪。大数据时代，我们购物、出行、运动、睡眠、起居与饮食等绝大多数行为，以及人脸、指纹与基因等基本特征，都被数据化地记录下来，我们的数据画像越来越丰富、清晰和立体。

在大数据的视角下，我们作为单一个体的颗粒度越来越高，已经拥有了一个数据化的身份证，而且远比实体世界的身份证信息含量巨大得多。当然，从社会治理的角度，这两种身份证是可以打通互联的。一个高透明社会，就此应运而生。

这给社会治理带来了全新的思路与手段。政府可以依据相关法律法规，给每一个公民建立一张数据化身份证，记录教育、医疗、交通、社保、消费甚至犯罪等行为数据，不但可以为精准施策提供参考，还可以通过数据脱敏处理，屏蔽涉及隐私的敏感信息，开放给社会公众，用于生产生活相关信息查询与大数据应用创新。

比如，2013 年开始，中国就发起了"精准扶贫"行动，提出到 2020 年，要实现中国 7000 万贫困人口的精准脱贫。这里的"精准"，就是通过大数据分析，不仅要识别清楚贫困人口与扶贫对象，更要获得多维立体的目标人物画像，从而实施针对性、个性化和精细化的扶贫措施。

具体来说，就是通过大数据实时掌握扶贫对象的动态信息：拥有多少人均居住面积或耕地面积？年均收入与消费有多少？家里几口人，各自的情况如何？因为生病或灾害等什么原因导致贫困？

同样，在社会治安方面，大数据更是大有用武之地。比如，通过人脸识别、人物画像、关系挖掘、轨迹跟踪与行为预警等手段，精准地实现对犯罪行为的防范、预警、布控与打击。

高透明社会带来的福利，与大数据安全隐私，就像一对善恶迥异的孪生兄弟。如何"惩恶扬善"，这就需要人类社会在道德、法制、经济与技术等各个方面协同努力。

2

人工智能：构建未来科技新世界

第一节　人工智能：最熟悉的陌生人

说人工智能熟悉，是因为这个概念在 2016 年就大火了一次。

你一定记得，那一年，AlphaGo 打败了韩国围棋高手李世石；美国白宫发布了《国家人工智能研究与发展战略计划》；微软、谷歌、IBM、亚马逊等组成了超级人工智能联盟。最让大家惊叹的要数特斯拉，Model X 汽车凭借自动驾驶功能，将一位驾驶途中突发肺栓塞的车主准确送到了医院。

最近几年，人工智能获得了更为突出的进展。在 2019 年的网络春晚上，几位央视主持人携手自己的"孪生"人工智能主播一起完成了主持，连撒贝宁都感慨，正在直面自己的未来职业危机。

两会期间，新华社推出的首款人工智能合成主播"新小萌"，吸引了不少观众的注意。生动的表情、端庄的仪态、亲和的声音，让很多人都不敢相信，这竟然是个虚拟人物。与此同时，《人民日报》也推出了自己的人工智能虚拟主播"果果"。在系统中输入文字稿几分钟后，"果果"就能流畅地将新闻播报出来。

如果我们继续往"前"看，还能看到人工智能的历史线索。

在 2500 多年前的《偃师造人》故事里，周穆王巡游天下时，有一位"机械舞者"不但舞跳得好，还会用眼神"勾引"穆王的妃子。周穆王看到如此逼真的人偶后愤怒不已，认为下属用真人欺骗自己。下属立刻打开了"舞者"的胸腔，展示给周穆王看。里面有复杂的物理结构，用木头和毛皮制作的各种器官，挂在对应的钩子上。

人类对人工智能的探索，延续了上千年，一直都有迹可循。那么，陌生又是怎么回事呢？

最近几年，我们听过无数关于人工智能的威胁言论。这些言论的套路都差不多：先是取代人类工作，然后取代部分人类，最后毁灭人类。

这些不靠谱的言论让大众对人工智能的理解越来越"偏"，也越来越陌生，就好像人类对科学的探索，最后却是为了消灭自己。为什么科幻电影中那些美好的向往，都与我们的现实背道而驰呢？

对此，我们需要明确一个现实：

人类的复杂程度，远超人工智能上万倍。至今为止，人类对自身的了解还远远不够，更不要说创造一个大幅超越人类的人工智能系统。短时间来看，有关人工智能取代人类的忧虑，确实有些可笑和多余。

但是，我们还是需要对人工智能保持重视。毕竟，人工智能已经成为产业变革和科技创新领域的头部力量，理解并认识它，能够让我们的生活更美好。

人工智能不只是机器人

在谈及人工智能之前，大家首先要明白一些人工智能的基本概念。

我们先用一句话解释一下人工智能的含义：人工智能就是让计算机完成人类心智能做的各种事情。

为了更好地理解人工智能，我们把它粗略地分为三个等级：弱人工智能、强人工智能和超人工智能。下面我们来依次理解这几个词：

弱人工智能

这是一种擅长处理单方面工作的人工智能系统，它们只专注于完成某个特定的任务，例如图像识别、语言识别和文字翻译等。

它们的存在，主要是用于解决特定的具体类的任务问题，大部分与统计数据相关，以此从中归纳出模型。由于弱人工智能擅长处理较为单一的问题，且发展程度并没有达到模拟人脑思维的程度，因此弱人工智能仍属于"工具"的范畴，与传统的"产品"在本质上并无区别。

比如工厂流水线上的机械臂，它们可以不知疲倦，快速并准确地完成工作目标；再比如名声大噪的 AlphaGo，能够打败所有人类高手。

强人工智能

如名字所言，强人工智能是可以比肩人类或超过人类的人工智能系统。它能够进行思考、计划、解决问题、抽象思维、理解复杂理念、快速学习和从经验中学习等操作，并且和我们人类一样得心应手。

强人工智能的目标，是使机器在非监督学习的情况下，处理前所未见的细节，并同时与人类开展交互式学习。在强人工智能阶段，由于系统能力已经可以比肩人类，同时也具备了"人格化"的基本条件，因此机器可以像人类一样独立思考和决策。

不过，目前还不用担心。这个程度的人工智能，我们还造不出来。如果一定要找一个例子，那么你可以参考一些科幻影片。比如，《机械姬》里面的艾娃和《人工智能》里的小男孩大卫。

超人工智能

在所有的领域都比人类更强，包括智力和寿命。目前，超人工智能还存在于科学家的假设之中，它也是很多科幻电影的素材来源。

有一点很重要，我们不要偏颇地认为人工智能就是机器人，这是错误的。

我们广义上所说的人工智能是指能力，而不是设备。机器人只是一种人工智能的表现方式，因为机器人表达得更加明显一些，这种形式人类能够用眼直接感觉出来。而另一种体现方式则是软件，不过因为人工智能软件体现得没有机器人那么明显，所以造成了很多人认为人工智能就是机器人，机器人就是人工智能这样的错误理念。

人工智能铁三角：算力、算法与数据

说完了分类之后，我们再来看看人工智能所需要的条件。

想要创造一个人工智能系统，需要由两个主要的技术构成，即前端的交互入口与后端的人工智能技术。

让我们先了解一下前端的交互入口。

首先要提到的就是自然语言的处理能力。我们人类的交流，主要依靠的是语言。汉语、英语、法语等各种语言体系，不仅字符和读音不同，就连语法体系和表达习惯也大相径庭。

过去，我们与计算机交流的方式是键盘、鼠标和触摸板，这些通通属于机器语言的范畴。而人工智能时代，第一个要完成的就是自然语言的处理。简而言之，让机器能够直接听懂人说的话。

其次，是体感互动。除了语言之外，人类的肢体动作也是交流的重要组成部分。抬手、转头和迈腿等肢体动作，往往能够传递出人类更为真实的想法。建立体感交互系统，可以帮助人工智能更全面地理解人类的思想，也是最方便的一种交互方式。

当前，体感互动主要应用于游戏领域，索尼的 move、任天堂的 Wii 等都是非常受欢迎的体感游戏设备。这足以说明用户对体感交互是天然接受的，而且认为这是人和机器最自然的交互方式。在可见的未来，体感交互能应用于更多的领域，包括残障人士的人机交互、智慧医疗领域的病症识别，以及仿真机器人的模拟训练等。

最后，是图像处理和视觉识别。对于交互机器人来说，图像识别的技术让一些弱人工智能功能得以实现。除了简单的图片辨别之外，我们所熟悉的自动驾驶，以及辅助类机器人都需要这一技术。有了这项技术的加持，机器人能够像人类一样参与环境的互动，完成躲避、绕行、距离跟随和范围警示等功能。

前端交互技术一直被业界称为人工智能的入口，并占据非常重要的地位，也是各家人工智能企业争夺的高地。一个人工智能系统如果拥有的入口越多，获得的学习机会就越多。那么，它在下一次执行相关指令时，就会比其他系统更加"熟练"和"聪明"。

从另一个角度上看，这也是技术领域的一种雪球效应，参与越早，入口越多，获取的用户也就越多。大量的用户反馈可以快速地帮助人工智能系统进行深度学习和快速改造，优势也最终会体现在产品层面，赢得更多的市场青睐。

入口的背后，则是人工智能的核心技术。想要抢占市场先机，只有入口肯定是不够的，还需要企业将入口汇聚而来的数据进行消化和再加工。

人工智能的技术框架

核心技术里，第一个要素是算力。

人类的各种行为，都依托于人脑计算后发布的指令。大脑中的每个神经元都是一个非常复杂的非线性处理系统，如果把每个神经元当作一个核心，那么大脑就是一个拥有 1000 亿个核心的 CPU 系统，它构成了人类大脑的主要意识。

人工智能想要达到与人类相同的行为水平，自然也需要超强的运算处理能力。幸运的是，我们不必再花巨资去建造算力，而可以通过支付一定费用，购买或者租用大公司的算力服务。

第二个要素是算法。

算法是计算机特有的一种处理问题的逻辑，即解决某个问题的计算方法与步骤。

你大可将它看作我们做饭的菜谱，洗菜、切菜、焯水、下锅爆炒、放调料然后出锅。在某个特殊的场景里，计算机只有按照对应的算法，才能够解决某个特定的问题。

现在，许多大企业都公开了自己的人工智能算法，供企业和个人使用。算法的公开，可以让更多的人使用并传播，从而形成领域内通用的标准。

算力可以购买，算法是公开的，那么人工智能最麻烦的部分在哪里？

答案就是第三个要素：数据。

那么，数据在哪里呢？它们不在人工智能企业里，而是藏在传统企业那些亟待提升和解放的工作流程中。

说得透彻点，有数据的企业，在人工智能时代才有竞争优势，但一切的前提是，它要拥抱人工智能。用人工智能工具，结合自身的独特数据，提升自身的生产效率。

数据结合人工智能的过程，就像是一个教练培养体操运动员的过程。运动员做的每一个动作，教练都会站在一旁进行纠正和调整。运动员不断地练习，教练不断地纠正，久而久之，运动员就能够完成自我纠错，最终达到理想的结果。

需要说明的是，目前人工智能最能够发挥的领域，一定是拥有大量重复劳动，并且能够明确判断好坏标准的场景。比如提高机床零件加工良品率，辅助影像医生识别患者病灶，或者帮助运动员完成特定项目的训练。

无论你如何看待人工智能，它已经走到了人类历史舞台的中央。跟当初的互联网一样，人工智能正快速地在各个产业开花结果。

第二节　从崛起到爆发：人工智能的进化路径

上一小节中，我们谈到了人工智能三大要素分别是算力、算法和数据。而人工智能的进化路径，同样也是基于这三大要素的崛起与爆发。

深度学习崛起

首先，我们要说的是，人工智能算法模型的演进过程。

20世纪80年代，一位叫作杰弗里·辛顿的英国学者，发表了一篇阐述多层神经网络训练方法的论文，主题是探索如何用计算机系统来模拟人类大脑。在此后的几十年里，无数人工智能领域专家都在研究，如何实现辛顿这篇论文里的愿景。多层神经网络训练就是我们现在所说的深度学习原型，也是人工智能技术的终极形态。

什么是深度学习呢？它是机器学习里的一个核心研究方向，其最终目标是让机器能够像人一样具有分析学习能力，能够识别文字、图像和声音等数据。

虽然辛顿在深度学习领域做出了较大的贡献，却因为其模型运算结果不理想，一直无法获得学术界的认可，这一拖就是30年。转机出现在2012年，两位华裔科学家让深度学习突破了技术瓶颈，他们分别是斯坦福大学教授吴恩达和李飞飞。

作为当今全球人工智能领域最权威的学者之一，吴恩达不仅是斯坦福大学计算机科学和电子工程学的学术风向标，更因其一手创建并领导了谷歌深度学习团队，被业界誉为"谷歌大脑之父"。他通过研究发现，深度学习需要计算机拥有强大的运算能力，随即与英伟达公司展开合作，共同开发出了计算性能极强的图形处理器GPU，彻底解决了之前算力不足的问题。如今，这一芯片已被广泛用于人工智能研究的各个领域，为相关技术发展带去极大的算力支持。

另一位科学家李飞飞，则是当今人工智能领域成就最大的华裔女性，担任斯坦福大学红杉讲席教授，以及美国国家工程院院士。她的主要贡献在于参与建设了两个数据库：Caltech 101 和 ImageNet。尤其是ImageNet，已经成为当今全球最大的图像识别数据库。凭借这两个数据库，李飞飞成功开发出了视觉能力超过人类的人工智能图像识别系统。

他们的研究成果，间接证明了三个事实：第一，人工智能需要计算机系统极强的运算能力；第二，训练对于人工智能系统非常重要；第三，深度学习是人工智能系统中最合适的模型。

吴恩达和李飞飞的研究贡献，彻底改变了人工智能学术界对深度学习的看法。2012年，在斯坦福大学举办的一项人工智能算法大赛上，深度学习大放异彩，一举夺得桂冠。

至此，折腾了30多年的深度学习模型才奠定了自己在人工智能领域的地位，其在语音和图像识别方面取得的进展，远远超过先前的相关技术，也深刻影响了之后人工智能的研究方向。

其实，深度学习并不是人工智能唯一的运算模型，还有许多有价值的模型仍在试验当中，它们的应用范围相对较小。比如，美国科学家杰夫·霍金斯的记忆预测模型也比较出名，它的运算过程与人脑更加接近，但同样因为结果不理想而暂时不被外界认可。

又比如，决策树也是比较常见的运算模型。它主要被用来评价项目风险和判断其可行性。但缺点也很明显，它没办法处理一些连续字段，而且当数据类型较多时，需要先对数据进行人工分类和清洗，诸如此类的限制比较多。

算力：GPU 挑大梁

实际上，传统的CPU芯片发展已经在2010年出现疲态，体积越来越小，晶体管越来越多，边际效益上已经很难再有大幅提升。就在这个时候，科学家们发现了图形处理器GPU。

经常玩电脑游戏的人应该知道，显卡主要是由GPU构成的，用于游戏图像的渲染。它里面的核心是一个叫作"shader"的运行单元，专门用于像素、顶点、图形等渲染，这恰好与人工智能的图像识别能力相匹配。

只需要为GPU加入可编程的功能，就能够承担与CPU同样类型的工作，从而弥补因CPU性能不足而导致的算力发展瓶颈。

人工智能的终极目标是模拟人脑，人脑大概有1000亿个神经元，1000万亿个突触，能够处理复杂的视觉、听觉、嗅觉、味觉、语言能力、理解能力、认知能力、情感控制、人体复杂机构控制、复杂心理和生理控制，而功耗只有10~20瓦。

功耗低、运算能力强是衡量芯片水平的主要指标，从这个方向去看，我们可以用直观的数字进行对比，体会一下 CPU 与 GPU 之间的差距：

如果每秒钟处理 4.5 万张照片，需要 160 个 CPU 芯片同时参与计算，而 GPU 芯片却只要 8 个。能耗差距也比较大，GPU 的电力消耗只有 CPU 的二十分之一。

大家千万不要小看这样的技术进步，表面上它代表着人工智能领域的阶段性突破。从更深层次来说，这些数字的背后，代表着企业巨大的采购成本与运营成本。正是因为更有性价比的 GPU 芯片的应用与推广，彻底降低了人工智能领域的参与门槛。在这之后，许多中小企业甚至个人都敢于加入人工智能领域的竞争中来，从而推动了整个行业的良性发展。

数据：4G 积淀，5G 爆发

在算力得到大幅提升的同时，互联网产生与积累的海量数据样本，也是人工智能在此时爆发的重要原因。

在互联网时代，微信、微博和推特等社交网络的发展，汇聚了大量的用户资源，这些用户为各个平台带去了海量的个体社交数据。而淘宝、亚马逊和京东等电商平台的活跃，则提供了庞大的商品信息数据、消费者购物偏好和购买习惯数据。

实际上，目前人工智能领域最亟待解决的，就是数据获取的问题。拥有这些数据的大公司，可以将其作为训练数据投入相关算法模型系统中，收获人工智能的应用成果。所以，我们目前所看到的大部分人工智能企业，都曾经是互联网时代的头部企业。比如百度、阿里巴巴、腾讯、亚马逊和谷歌等，除了基础的技术优势之外，它们与小企业最大的不同，就是天然拥有一个实时更新的数据库，用来训练自己的人工智能系统。

至此，人工智能的三大要素已经具备。那么，接下来人工智能就能乘势而起了吗？答案是否定的。评价一项技术是否成熟的标准，就是能否顺利完成商业化落地。很多时候，这一过程远比技术研究更为艰难。

就拿国内人工智能的头部企业百度和科大讯飞举例。

百度的人工智能转型战略和谷歌类似。这家靠技术驱动的公司，一开始便投入大量的资源和资金，押宝技术门槛较高的无人驾驶领域，不断从全球高薪聘请专业人才。2013 年，百度创建了阿波罗（Apollo）自动驾驶平台，并在之后的几年中不断发展壮大，还联合了福特、奔驰和微软建立开发者生态。

虽然阿波罗技术先进，但此后的商业化落地却不那么成功。首先，自动驾驶汽车缺乏足够的耐久性试验；其次，像激光雷达、传感器等重要零部件，完全达不到大规模量产的要求；最为重要的是，许多与百度合作的车企，对于自动驾驶技术的需求并不迫切，不过是想借着百度的名号"蹭一蹭"自动驾驶的热度去迎合市场。

而以语音人机交互为核心技术的科大讯飞，在创业之初也是在产业化上四处碰壁。董事长刘庆峰对此有过反思："恨不得今天做个语音掌上电脑，明天又做个语音听写软件，后天再搞个工商查询系统。"经历了团队信心动摇、资金捉襟见肘和业务方向调整等一系列困难后，科大讯飞最终还是在电信运营商服务与普通话考试教育上，找到了产业化的突破口。

看完了百度和科大讯飞的案例之后，我们大概可以总结出目前人工智能企业面临的两大难题。

最直接的，就是持续不断的人才招募压力。我们知道，人工智能是一个更新速度很快的技术领域，今天一个新算法，明天一个新模型，企业需要不断地去追逐顶尖技术，才能收获市场的关注度。

那么，如何才能跟上市场的脚步呢？让员工现学肯定是来不及的，最简便的办法就是不断地招募最顶尖、最前沿的技术人才。招到了问题解决，招不到落后市场一截，这是许多人工智能技术型企业面临的问题。

另一方面就是利润兑现。企业不同于高校和研究机构，不可能无止境地进行投入。所有资金、人力和时间的投入，都需要在规定时间内看到回报。最近几年，尽管人工智能热度异常高，但没有几家企业收益能够让人满意，大部分还是"叫好不叫座"的状态。因此，我们也有理由相信，这一状态可能还会持续很长时间。

技术型企业正面临步履维艰的困境，但反观 IT 硬件消费领域，人工智能却呈现了另外一番景象。小米、苹果和大疆这些以硬件为主的厂商，凭借着敏锐的嗅觉，很快就以"轻技术"的形式切入了人工智能市场，并让智能手环、无人机和智能家居等许多智能化产品进入了千家万户。

其实这个过程并不复杂，品牌只需要在常规的 IT 硬件消费品中，加入一些智能化的科技元素，比如语音交互、智能控制和远程遥控等，就能很快与同类型产品拉开差距。

也许你会说，这些产品并不是真正意义上的人工智能，有些甚至只是概念炒作。但就像我们之前提到的那样，它们既有硬件入口，又有软件技术，完美地构成了一个人工智能产品循环。在这个基础上，企业可以进一步完成技术的升级迭代，越来越靠近真正的人工智能。需要强调的是，只有人工智能真正融入普通大众，成为人们日常生活中不可分割的一部分，它的产业化应用才算成功。

其实，对于人工智能，我们大可不必纠结太过遥远的未来，把现有的技术成果快速投入产业实践中去，才是人工智能获得成功的关键一步。

第三节　人工智能时代：产业和个人的新机遇

算法的漫长进化，遇到了算力提升与数据爆炸，从而造就人工智能快速崛起。在这样的大趋势下，产业与个人将有哪些新机会，又该如何牢牢把握它们？

我们先谈谈产业的机遇，说一个有趣的案例。

早在 2008 年，法国就逐步启动了环保蔬菜种植计划，目的在于减少杀虫剂和除草剂的使用。因为化学制剂不仅会影响土壤质量，还容易导致蔬菜的农药残留超标。

和我们国内的情况不同，欧美许多农场面积巨大。由于人口稀少，他们较早地普及了机械化，彻底解放了农民的双手，一两个人就能管理很大一片农场。但这也带来另外一个棘手的问题，怎样用较少的化学制剂铲除杂草和害虫？毕竟，广喷农药已经被禁止，人工挨个检查不但浪费时间，也不太实际。

这时候，人工智能就派上了用场。法国的研究人员为农场主们开发了一个人工智能视觉算法模型，它可以从无人机拍摄的农作物图片里，成功识别杂草和害虫。人工智能通过颜色和图形的差异，就能够识别甜菜、菠菜和豆类农作物中的杂草与害虫，并提醒农民进行针对化处理。更高一级，它甚至可以与农药自动喷洒系统相连，快速进行点对点的精准打药，避免了广喷农药带来的污染。

类似的例子还有很多。比如，有大学生在社交网络上识别用户们上传的野生动物图片，从而利用人工智能系统测算出野生动物迁徙的路线图；又比如，制造企业通过人工智能系统对加工零件进行拍照分析，快速剔除次品，防止后续更大的损失。在 2020 年的新冠疫情中，人工智能更是通过数据分析和筛选，在疑似患者的追踪中贡献出巨大的实际价值。

细而窄的产业痛点

从上面这些案例，我们可以看出人工智能在产业应用的三个必要条件：第一，有现成的数据可以使用；第二，有客观公允的评判标准；第三，可以和其他数据进行对比。

从以上几个案例中，我们大概可以发现，所有的人工智能产业应用，都是"窄"而"细分"的，旨在解决某个特殊场景下的痛点问题。以目前的技术水平，没有企业能够做出全行业的人工智能解决方案，每个参与者都是在特定的需求场景下做解答。

当下，人工智能产业上的机会大致可分成三个层级，并且随着层级的深入，产业红利也会随之递增。

人工智能硬件

这里所说的硬件，主要是指人工智能的芯片。人工智能领域里，英伟达是经常被提到的芯片企业。之所以能够做到人工智能芯片行业的老大,不只是因为英伟达芯片的算力强悍,更主要的是它已经构建出了一套自己的生态体系。

同样是自动驾驶芯片,英伟达考虑的是如何为客户提供整套的自动驾驶解决方案,而不是单纯卖芯片。除芯片之外,英伟达还建立了一套虚拟路面系统,让自动驾驶系统可以在这个虚拟世界里进行测试和学习,企业可以根据自己的需要设置对应的路面测试环境。

如今,自动驾驶上路测试一直是一个大难题,往往因为涉及交通风险问题而被政府叫停。虚拟路面系统恰好为自动驾驶提供了学习场景,也帮助企业节省了路面测试所需要的巨大花费。

基础服务+人工智能

与人工智能相匹配的基础服务,不得不提到云计算。现在,国内外各大 IT 巨头都在花重金布局自己的云计算中心,包括亚马逊、谷歌、苹果、阿里巴巴、华为和腾讯。究其原因,是因为人工智能技术的交互,未来会在云上实现。

比如我们最熟悉的人脸识别追踪逃犯,它本质上是由前端摄像头和后端的人工智能系统构成的。公安机关的摄像头在捕捉到人脸数据后,立刻传回到后端中心进行分析和识别,并根据结果锁定目标。系统是现成的,唯一不同的是各地公安机关是否有匹配的数据库和后端中心。

有了云计算技术后,这样的识别系统能力就可以在远端进行交互,本地无须安装更多的设备。我们有理由相信,图像识别、语音识别等功能未来将会成为远程基础服务,由一个统一的云计算平台提供。

行业结合

未来,人工智能技术本身是无法形成行业壁垒的,真正能够形成壁垒的,是人工智能与行业的结合适应度。

行业结合是一个非常重要的因素。在你选择的行业里,是否具备我们上节提到的算力、算法和数据三方面优势。尤其是数据方面,如果没有"高壁垒"的海量数据来源,是没办法支撑人工智能的。这也是许多传统企业在进行智能化转型时所需要注意的问题,除非企业自己已经有了深入的思考,拥有对行业的深入理解,否则轻易尝试人工智能很可能得不偿失。

信任也是需要考虑的因素。以医疗行业为例，从数据安全和可信度上考虑，医院一定愿意选择有实力的头部公司，而不是技术更加先进的小企业。这也是为什么进入医疗领域的人工智能企业，都是全球知名的大公司。

我们还需要强调一点：未来，人工智能的产业机会，一定会属于那些具备数据优势和行业经验的企业。你只有对行业足够了解，才能发现行业的问题，进而开发出对应的人工智能解决方案。就像法国的农场去除病虫害案例一样，它的痛点在于识别杂草和害虫。

一句话总结一下，虽然人工智能的产业机遇非常广泛，但找到擅长的细分领域才是关键。

人工智能还有多少"人工"

说到人工智能，总会提到它对个人的影响。其实大家都想知道一个问题：未来，人工智能里还会有多少"人工"？

可以肯定的是，一些要求高强度、高重复、高速度、高精准度的工作，一定会被人工智能所替代。每一次的科技革命都会带来新一轮的工作革命，人工智能将会大量淘汰传统劳动力，而且不少行业会因为人工智能的兴起而消失。未来，机器人将会代替人工服务和操作，这很可能会导致大量的流程工作、服务工作和中层管理环节"消失"。

我们在前面的小节中提到了人工智能的三个层次：弱人工智能、强人工智能和超人工智能。准确地说，我们目前正处于弱人工智能和强人工智能的中间。

在这种情况下，我们可以下一个结论，即弱人工智能一定比人强，强人工智能一定比人弱。

为什么？人工智能系统的运转，依靠的是数据，数据也是它决策的依据。但对于人类来说，数据不仅仅是数字，它的另一面是经验与规律。如果你想知道阿里巴巴明天的股票是涨是跌，问人工智能也许没错。但阿里巴巴五年后发展得好不好，问人工智能兴许就帮不上什么忙了。

作为个体而言，最受大家关注的就是人工智能的岗位替代。尽管技术"无情"，但它在消灭职业的同时，技术革命也会创造职业，历史已经反复告诉过我们这个道理。世界经济论坛的一份报告显示，到 2023 年，人工智能会消灭掉 7500 个工作岗位，但它会创造出 1.3 亿个新的工作岗位。

主动拥抱与创新创造

人工智能时代，人并不是没有机会。我们可以提供两个截然不同的方向供大家思考。

一种是主动拥抱。这一条的核心是，你现在必须主动积极地掌握人工智能的相关知识。它可能会在未来五年带给你丰厚的回报。也许你所处的行业与人工智能并不相关，但这不代表它无法和人工智能产生紧密联系。

此前我们经历过"互联网+"时代，现在早已变成了"人工智能+"时代。以金融行业为例，由于存在大量的基础性工作岗位，许多人工智能企业早就希望涉猎金融领域，"革"一些低端金融企业的命，从而收获"破界"带来的行业红利。

然而，华尔街的巨头们可没闲着。摩根·士丹利要求旗下资产部门所有员工都必须学习 Python 等编程语言，高盛投资银行更是直接在招聘岗位中设置 50% 以上的技术员工岗位。

在国内的金融企业中，平安的科技人才招聘是最多的，2018 年已达 6000 人次。企业尚且如此，作为个人就更应该主动拥抱这样的趋势，将自己所擅长的技能与人工智能技术相结合，匹配市场的发展方向。

另一种机会是选择学习人工智能所不具备的能力，尤其是创新性、情感性与思辨性的工作或领域。人类的强项，在于利用过往的经验和规律，做出具有前瞻性与创造性的决策，这是所有人工智能都不具备的能力。

但在这个过程里，我们需要注意不要走向人工智能的对立面。人工智能始终是为了帮助人类而存在的。它能修正我们的创意方向，使其更受市场欢迎；它能敏锐地觉察到人类忽视的风险，使我们的决策更加正确。

别被恐慌蒙住了双眼

最后，我们来聊聊人工智能恐慌。

要知道，人工智能完全替代人是不可能的，大可不必对此抱有恐惧心理。和人类相比，很多复杂情况的判断能力是人工智能所不具有的。大多数情况下，媒体过分强调了人工智能的作用，却没有提及它的劣势。

甚至连吴恩达教授也说："作为一名人工智能从业人员，我开发和推出了多款人工智能产品，但没有发现人工智能在智力方面超过人的可能性。"

即便是我们经常提及的数据分析能力，虽然人工智能比人类算得更快、更准确，但这一切的前提是人类告诉了它应该分析什么数据。对于机器来说，数据就是数据，但对于人类来说，数据的背后是一切事物的运行规律。它能够被人言传身教，潜移默化地影响最终的决策，这都是人工智能所没有的。

人工智能时代的到来，带给我们的不仅是机遇，更是挑战。我们对新技术的影响和发展要有充分的敏感性。只有通过不断的学习，提高自己的认知能力，才能够对当下和未来的事物有比较清晰的认知，并且在适当的时候做出正确的选择。

第四节　人工智能有哪些前沿小趋势

当前，人工智能有哪些热门的前沿研究与应用，带来了哪些最新趋势与风口？

自动驾驶：激光雷达火力全开

美国机动车工程师学会将自动驾驶从 L0 到 L5 分成了 6 个级别，L0是完全的人工驾驶，之后依次是辅助驾驶、部分自动驾驶、条件自动驾驶、高度自动驾驶和完全自动驾驶。级别越高，自动驾驶的程度就越高。

如果我们要做一台自动驾驶车，那么需要完成几个必需而关键的步骤：首先是感知，即使用传感器获取外界的信息；然后是判断，主要依赖云端算法；最后做出决策，该停时停，该走时走。

由此可见，感知阶段是自动驾驶汽车性能最基本、最重要的信息来源和体验保障。而目前主流的感知方式，则是依靠雷达、摄像头和激光雷达这三大传感器系统实现的。

摄像头是第一个被排除的选项，它与人类的眼睛类似，在光线足够的情况下，可以看清周围的一切。可一旦遇到强光直射、环境光照不足时就彻底"抓瞎"了。早期的雷达技术也非常不理想，传统雷达精度不够，遇到"细长"类的障碍物时经常无法识别。最理想的当然是激光雷达，但它的价格基本上直逼一辆小轿车。

硬件条件还不具备，但又想实现自动驾驶，聪明的埃隆·马斯克提出了以深度学习为主要技术的解决方案。他希望通过提升自身的人工智能技术来弥补传感器硬件的不足。

特斯拉的逻辑是，采集每一位车主的驾驶数据，用于训练自己的自动驾驶系统。通过这样的方式，特斯拉凭借海量的数据，逐渐将自己的自动驾驶能力提升到了 L3 级别，这让业内非常震惊。

马斯克对激光雷达一度非常排斥，在接受媒体采访时他表示："傻子才用激光雷达，现在谁还要靠激光雷达，那就注定完蛋，不信走着瞧。"在他看来，激光雷达昂贵的价格阻碍了自动驾驶的普及。

特斯拉并非没有对手，来自谷歌的 Waymo 自动驾驶团队也在与其暗中较劲。

与特斯拉重视人工智能技术不同，Waymo 技术与硬件并重，为实验车辆装配了昂贵的激光雷达，直接将自动驾驶提升到了 L4 级别，并与大众、福特等汽车厂商合作，为它们提供完整的自动驾驶解决方案。

一边是特斯拉的"深度学习"，另一边是 Waymo 的"软硬兼施"，两边打得不可开交。而在中国，也有诸如地平线、佑驾创新以及百度阿波罗等公司与团队，不断深耕自动驾驶领域。

2020 年，自动驾驶领域很有可能取得爆炸式发展。老牌激光雷达供应商威力登(Velodyne)大幅下调了价格,让许多之前不敢尝试自动驾驶的汽车厂商,拿到了闯进新世界的门票。这样一来,特斯拉能否保持优势,传统车企会不会展开复仇,我们拭目以待。

人工智能的安全守护神

互联网需要安全保障,人工智能同样需要。你可能会疑惑,人工智能系统是按照人类的设计运转的,为什么还要考虑安全性?

这里的"安全"主要指三个方向:保证目标清晰、保护系统免受干扰和监测系统运转过程。

知名人工智能研究机构 OpenAI 讲过一个有趣的例子:

他们给人工智能系统训练一款赛艇驾驶游戏,游戏的评判规则是,驾驶途中收集了多少个金币,以及最后的总用时。但人工智能似乎出现了问题,为了不断收集金币,非但毫无跨过终点线的意思,反倒绕了好几个圈。后来,情况越来越失控,人工智能甚至开始和其他赛艇碰撞,或是过程中自己撞墙毁灭。

另一个案例则更为严重。2018 年 3 月,一辆优步自动驾驶汽车在进行测试时,撞倒了一位正在过马路的女子,女子最终因抢救无效死亡。据媒体报道,优步自动驾驶没有识别出行人,也没有采取任何的制动措施。

正是基于这些安全方面的问题,人工智能安全保障服务应运而生。其中,最出名的要数谷歌旗下 Deepmind 开发的一项安全测试。它其实是一款 2D 视频游戏,只要客户把人工智能程序植入其中,就能够测试评估9 项安全功能,包括人工智能系统是否会自我修改,以及能否学会作弊等。

而在中国,包括阿里巴巴、华为和百度等巨头,也加入了人工智能安全业务的争夺。随着人工智能的应用越来越多,安全需求也会越来越大,这一市场势必迅猛增长。

类脑智能：做一个"真正的大脑"

类脑智能顾名思义,就是类似生物神经网络结构的人工智能系统。

它既要从功能上模拟大脑功能，又要从性能上大幅度超越生物大脑，也称神经形态计算。

早在 20 世纪 40 年代，类脑计算的神经模型就已经设计出来，并通过几十年发展获得了大幅提升。至于为什么这么多年没有进展，核心原因还是在芯片上。

传统的人工智能芯片，信息存储和数据计算是分开的。机器要先从存储部分读取数据，再利用计算部分进行运算。这样的结果是，每次运算都要读取、计算、再读取、再计算，不但过程烦琐，而且大量的功耗和算力都被浪费在读取里，与大脑的高效率、低功耗大相径庭。

所以，想要真正模仿大脑，就必须开发跟大脑结构类似的芯片。在这一点上，咱们中国走在了前面。2019 年清华大学开发出全球首款异构融合类脑计算芯片——天机芯，并登上了知名科学杂志《自然》的封面。

天机芯是清华大学施路平团队历经 7 年打磨的芯片，使用 28 纳米工艺流片。这个芯片的最大特点，是兼容包括神经模态脉冲神经网络、卷积神经网络和循环神经网络在内的多种神经网络同时运行。相比于当前世界先进的 IBM 的 TrueNorth 芯片，天机芯密度提升 20%，速度至少提高 10 倍，带宽至少提高 100 倍。

为了验证这款芯片的可靠性，清华团队在一辆自行车上装载了天机芯。试验中，无人自行车不仅可以识别语音指令、实现自动平衡控制，还能对前方行人进行探测和跟踪，并自动躲避障碍。

值得一提的是，保持体态平衡是人脑非常复杂的功能，它是通过运动协同、环境感知和动作执行等多个功能区域合作完成的，而这些都在天机芯片上获得了一定程度的体现。

虽然目前类脑计算应用还比较初步，和深度学习等主流人工智能算法模型相比，也存在一定的运算差距，但芯片的性能突破已经看到了曙光，规模化应用很可能不需要太长时间。

多模态语义理解：懂你更多

大家可能会对多模态语义理解这一复杂的术语比较陌生，这里我们来尝试解释一下。

我们平时在说话交流的时候，语句经常是不完整的，有时候语序甚至会前后颠倒。但我们之所以能理解这些混乱的语言，是因为人脑具备多模态语义理解能力。而目前的语音识别工具，都只能识别标准和正常的语序，更谈不上对周围环境的认知，自然就无法解决很多场景中的实际问题。

所谓模态，就是信息的来源或者形式。人类的视觉、触觉、听觉、嗅觉和味觉等感官，都属于模态的一种。因此，"多模态语义理解"就是通过多个维度，帮助人工智能模仿人类思考和学习，这也是机器真正迈向智能的关键。

比如我们看一部电视剧时，眼睛要看图像和字幕，耳朵用来听声音，对不同事物的不同状态，人脑能够做到同时学习和理解。

假如给传统人工智能提供一张图片，图上有一只小狗在大树的阴影下休息。此时，传统人工智能会基于视觉语义理解，把识别目标分成两类，一个目标是小狗，另外一个目标则是一棵树。而我们人脑可以进行更加深入式的理解，即一个小狗在树荫下乘凉，外面一定是炎热的夏日，周围温度很高。

试想这样一个场景，你正准备驾车回公司与客户面谈。因为不记得具体的时间和地点，所以你询问车载语音助手当天的日程表安排。常规情况下，机器在回答了你的问题之后，对话过程就结束了。但通过多模态语义理解的加持，机器还会主动询问你，是否需要预定公司的会议室，并安排中午与客户吃饭的餐厅。

目前，百度、华为和科大讯飞都在这个领域有较强的实力，也有一些科研机构出身的创业公司，在某些细分领域建立了壁垒。随着多模态语义理解技术的成熟，可以让机器"听清""看清""理解"人类语言，从而更好地支撑各种人工智能应用，它绝对是一个不容忽视的前沿趋势。

上面几点趋势，只是人工智能发展创新趋势里的冰山一角。作为一种新兴技术，人工智能的使命注定是奔着提高生产效率，丰富人类物质生活的大方向去的。未来，你能够在所有领域看到人工智能的身影，就像是之前的互联网时代一样，将成为人们生活中的"水电气"。

第五节　人工智能将把我们带向何方

人工智能不仅是一种新兴的科技趋势，更是人类社会时代变革的底层逻辑。那么，人工智能将把我们带向何方，又将为我们构建一个怎样的全新世界？

产业升级和劳动精细

毫无疑问，人工智能作为新兴的生产力，最直观的影响就是经济发展。

乐观派认为，新陈代谢是社会发展规律。人工智能等新技术的冲击，将促使劳动力市场通过创造新领域与发掘新需求等方式，进行调整从而达到平衡。比如，以汽车与纺织机为代表的工业革命，以计算机与互联网为代表的互联网革命，都大幅提高了生产力，推动了新的工作岗位稳健增长，进而提升了人类福利。

经济学家们曾经预测：到2030年，人工智能将为全球经济带来15.7万亿美元的财富。这其中很大一部分，是通过劳动力资源精细化带来的。

何谓劳动力资源精细化？一方面，人工智能在替代部分重复劳动之后，可以让该部分劳动者解放出来，承担更为重要的核心工作。另一方面，人工智能可以改变劳动者的思维方式，从而带来技术的变革与创新，进而促进经济发展。

比如，在传统的企业管理方式中，员工的收入主要取决于上级领导的评判。这种机制会让员工不再重视工作本身，反倒去在意如何与上级领导"搞好关系"。而人工智能可以将企业管理结构变得更加扁平化，决策机制更加客观与透明。这样一来，员工个人自主性会更加明显，不再过多地依赖上级领导评判，将重心放在自己身上，提升自身的知识水平，激发个人创新能力。

从宏观层面上讲，赋能传统产业，更是人工智能激发经济增长新动能的重要路径。这些原本跟人工智能毫不相干的产业，通过底层变量的改变，突然找到了新的增长点。这绝对是一个巨大的突破，也上升到了国家发展重要战略的绝对高度。

让人工智能走得慢一些

硬币都有两面。我们不禁会问，既然是底层变量，人工智能会冲击人类社会现有的运行体系吗？

黑石集团 CEO 芬克曾在 2018 年初发表过一封公开信，信中他表达了对人工智能时代到来的担忧，尤其是社会公平问题。

芬克认为，不论是规模还是速度，这次人工智能革命，都要比前几次技术革命更加猛烈。他认为人工智能导致的失业，自由市场不能彻底解决。相反，全球必须重新构思企业的社会责任感、影响力投资以及公益创业。

过去，企业只有在时间与金钱都有富余时才会做慈善。企业家们很多时候会这样想，既然有钱了，就投资一些初创公司。所谓社会责任感，就是捐些钱给留守儿童，还可以发发新闻稿，好好宣传一下。

但是在人工智能时代，我们需要以更认真的态度来参与这些活动，同时也要拓展我们对这些活动的定义。想要应对人工智能时代的社会冲击，就需要更进一步的解决方案——为失业者创造大量的服务性工作岗位。

显然，我们目前还没有能力接纳它带来的负面效应。

社会上有一种理想化的假设认为，那些被人工智能替代的劳动力，可以通过再培训与再教育进入更高级的工作岗位，去那些尚未实现自动化的新行业。然而，不可回避的担心是，以目前人工智能发展的广度和深度，被人工智能取代的失业者，很难判断未来的发展趋势，更不知道该如何选择再培训的方向。更不要说那些高龄的失业者，他们很可能因为学习能力较差而被社会彻底淘汰。

夸张一点来说，如果是人工智能导致的失业，对人们的心理创伤可能会更大。毕竟，他们将面临的境况很可能不是暂时失业，而是永久性地被排除于社会体系之外，只能眼睁睁看着自己用一生时间学习并掌握的技能，被算法或机器人轻而易举地超越。随之产生的压倒性的无力感，会让人感觉自己的存在没有了意义。

人工智能专家李开复曾做过这样一种预测，人工智能时代幸存的工作岗位分为两批人：一批人收入顶尖（如 CEO、投资家），一批人收入一般（如按摩师、家庭护理人员）。但是问题的严重性在于，许多构成中产阶级基石的职业（如卡车司机、会计人员、办公室经理）将被清空。

正是基于这些担忧，一些企业和专家已经开始寻找解决办法。比如，谷歌已经开始尝试每周工作四天，工作总量不变，把人均工作时间减少，从而让更多的人得到工作机会。也有专家建议，向大公司收取专项税金，用于再就业群体的帮扶。

垄断效应：赢家通吃

实际上，种种社会公平问题究其本质，还是人工智能发展模式带来的垄断问题。这是为什么呢？

人工智能的发展模式，注定赢家通吃。巨头公司拥有海量数据，就能训练出更好的算法，进而开发出更好的产品，获得更多的用户，必然进一步得到更多的用户数据与营业收入，然后又反过来提升了数据总量与技术研发实力。最终，巨头公司将建立高不可攀的壁垒，进而形成全球范围的垄断。

这一绕不过去的逻辑，放在国际竞争层面也是一样。几乎所有人都认可，人工智能可以创造前所未有的技术增长，为国家和社会带来巨大的财富效应。但试想，如果让这样的财富效应无限制地扩大下去，它可能会加剧全球财富分配不均的问题，从而发展到无可挽救的程度。

互联网时代，我们已经看到了类似的情况。互联网本应是全球自由、公平竞争的场所，但在短短几年内，许多核心网络功能已经被主要国家所垄断。对于大多数发达国家来说，谷歌统治搜索引擎，推特把持社交网络，亚马逊则占据电子商务。中国互联网公司也能找到对应，阿里巴巴的电商、腾讯的社交、百度的搜索和美团的本地生活。少数几家巨头掌控了大部分的互联网资源，并以此创造了巨额的财富。

同理，人工智能时代，一部分技术实力薄弱的国家，由于无法创造更多财富价值，而被优质企业和精英人群所抛弃，导致错过全球经济发展的红利，进而沦为人工智能超级大国的附属。也就是说，人工智能实力雄厚的国家则通过虹吸效应，抽走全球可以积聚的大量财富，让国际之间的差距更加明显。

警惕人工智能道德风险

社会公平问题还只是表面，我们必须引起重视的是，人工智能还会冲击到构建人类社会的基石——伦理道德。

2019 年末，有这样一则新闻。英国人丹妮·莫瑞特在做家务时，因为心脏不太舒服，便通过智能音箱查询心脏问题。而音箱的回答竟然是："心跳是人体最糟糕的过程。人活着就是在加速自然资源的枯竭。所以心跳不好。为了更好，请确保刀能够捅进你的心脏。"

人工智能犯下的荒诞错误，有人一笑了之，也有人忧心忡忡。如果这样的"智能"语音被一个正在咨询病情的重度抑郁患者听到，结果兴许没那么幸运。

在第四节里，我们提到了一个优步自动驾驶测试撞死路人的案例。因为行人涉嫌乱穿马路，美国司法并没有对优步做出惩罚性判决，这让社会舆论非常不满。撞死人的是汽车，但汽车是受人工智能控制的。那么，谁应该受到惩罚？我们又该如何去惩罚一个机器呢？

答案悬而未决，问题却不止于此。

2017 年，斯坦福大学一项"面部识别性取向"的研究引发了社会的广泛争议。研究人员在社交网站上抓取了 3 万多张头像图片，训练深度神经网络从图像中提取特征，从而通过识别一个人的面部图像来检测他的性取向。

多年的经验告诉我们，性取向属于个人的隐私信息。一旦这种技术推广开来，将引发一系列的社会伦理道德问题。这项技术一旦延展开来，针对某些特定群体的识别，将会引发更难以想象的争议。

从严格意义上来说，伦理道德问题并不完全是设计疏忽导致的。机器无法像人类一样，全面综合考虑到所有因素，它的判断完全基于现有的数据样本与算法模型。

这些悬而未决的问题告诉我们，从全球范围来看，人类并没有对人工智能带来的一系列问题给出完美的解答，这也是许多人权组织反对人工智能的原因。

但无论如何，人工智能已经为我们打开了新世界的大门。可以确定的是，这个新世界必然会提升人类社会的进化效率，带来更多的社会福利；还可以肯定的是，随着人工智能应用越来越普及，我们会找到解决这些问题的方法，人类智慧也一定具备解决这些新问题的能力。

3

区块链：重塑人类社会生产关系

第一节　重新定义信用体系

每一次新技术带来的变革，都会对人类社会的经济格局与运转秩序进行一次重组。

互联网50年来的发展历史，极大地降低了我们信息交互的成本。不过，对商业和经济活动来说，互联网仍然存在着很大的限制。

在现有商业生态和信用体系下，如果没有大平台或者银行这样的第三方机构来提供信用背书，我们就无法互相确认身份，更无法建立经济的往来。比如，在互联网上使用信用卡，我们不但要向第三方机构提供大量的个人隐私数据，还需要为此支付不菲的手续费，既不安全，成本又高。

网络信任危机

一场前所未有的信任危机似乎出现了。商业生态中，各个交易方之间怎样才能建立起一个积极且开放的沟通渠道，从而能够获取对方的信任呢？

1993年，一位名叫戴维·查姆的天才数学家提出了eCash系统。这是一个数字化支付系统，可以让我们在互联网上安全地、匿名地进行支付交易。这也是互联网历史上第一次实现了数据交易保护。

随后，戴维·查姆的同事尼克·绍博写了一篇题为"上帝协议"的简短论文，在论文中他设想了一种无所不能、可以取代所有中间机构的技术协议，就是让"上帝"成为一切交易行为的第三方。这就是最早的区块链概念。

时间来到了2008年。全球金融危机爆发，一个名为中本聪的人在这个关键的时间节点，发布了一种点对点的货币系统以及它的基础协议，以比特币为先驱的区块链正式走向了历史舞台。

这种新技术的核心，就是一种信用协议。它以分布式账本为基础，设定了一系列规则，可以让我们所有人在脱离第三方中介的情况下，彼此之间能同时安全地交换信息。

区块链的四大特点

那么，区块链到底是什么呢？这里，我们来为你总结它的四大特点：

第一是分布式记账，也就是我们所说的去中心化。我们每个人都拥有一个账本，这些账本互相之间是相通的，我们可以共同记账，但不能单独篡改。

事实上，构建这样的系统远比想象中复杂。从设计记账系统的角度，要达成去中心化的目标，需要具备两个条件：一是我们需要让所有参与方都平等地拥有保存账本的权利；二是我们需要让所有参与方都平等地拥有记录账务数据的权利。

实际上这是非常困难的，因为每个记账者所处的物理环境不同，因此接收到的账务信息不可能是完全一致的。但作为一个记账系统，数据的一致性又是最基本的要求，如果每个记账者记的账各不相同，那么整个记账系统无疑会乱作一团，也就没有任何价值了。

区块链是如何解决这一问题的呢？竞争记账机制成为解决问题的关键。

所谓的竞争记账，简单来说，就是以每个节点的计算能力来竞争记账权的一种机制。

在一个记账系统中，每一个记账者（我们把它称为"节点"）都参与计算能力竞争，谁的算力更强，谁就能完成一轮记账并向其他节点同步新增账本信息。而胜利者在记账后也可以获得相应的系统奖励来激励每个节点持续地竞争。

最终，区块链通过构造一个以"竞争、记账、奖励"为核心的经济系统，解决了去中心化记账的难题。

第二是非对称密钥。在区块链中，信息的传播按照公钥加私钥的方式进行。公钥相当于我们每个人的信箱地址，当别人获知你的公钥时，可以与你通信。相应地，私钥相当于信箱的钥匙，只有拥有私钥的人才能查看信箱中的信件信息。

在信息发送过程中，发送方通过一个密码将信息加密，接收方只有通过另一个配对的密码，才能将信息解密。而这两个密码是不对称的、不一致的，既保护了隐私，又更容易达成信任与共识。

我们不妨假想这样一个情形：A 想在分布式网络中发送一封情书给 B。但由于分布式网络的信息传递特性，这封情书将被发送至每一个用户手中。A 不希望情书的内容被其他用户看到，因此 A 使用 B 的公钥对情书进行加密。

网络中除 B 外的其他用户接收到这封经过加密的情书，看到的只是一段密文。只有 B 可以使用自己的私钥对密文进行解密，得到一份情书的明文。通过这个加密与解密的过程，A 与 B 之间实现了点对点的数据传递。

此外，公钥与私钥还保证了信息发布者的身份属实。比如 A 想让 B 知道自己是真实的 A，而不是他人冒充的。A 只需要使用私钥对文件签名并发送给 B，B 使用 A 的公钥对文件进行签名验证，如果验证成功，则该文件一定是使用 A 的私钥加密的。由于 A 的私钥只由 A 一人持有，B 就可以确定文件的发送者正是 A 本人。

第三是共识机制，也就是所有区块达成共识。当我们的一些账本与其他账本的记录不匹配时，共识机制就发生作用了。各个区块投票表决，少数服从多数，从而达成一致。

通俗一点来讲，如果一名中国微博大 V、一名美国虚拟币玩家、一名非洲留学生和一名欧洲旅行者互不相识，但他们都一致认为你是个好人，那么基本上就可以断定你这人还不坏。

区块链中的共识机制主要表现在某个区块链中的参与者都可以核查记账信息，也会共同维护账本的更新，并且按照严格的规则和共识来对账本进行修改。

最后是智能合约，就是交易双方形成稳定的数字契约关系。根据不可篡改的数据，自动执行一些预先定义好的规则和条款。

金融是智能合约的一大应用领域。基于区块链的智能合约，可以实现数字身份权益保护、财务数据文件数字化记录、股权支付分割以及债务自动化管理、场外衍生品交易处理过程优化、财产所有权转移等方面的应用。

这些金融业务在传统流程的操作中依赖人工操作的参与，需要耗费的人力成本较高，而应用智能合约能减少人工操作过程中产生的错误和成本，同时提高效率及透明度。

区块链带来的新秩序

区块链这一新技术的横空出世，让全世界感到既兴奋又害怕。因为区块链所带来的，已经不仅仅是信息互联，更是价值互联和货币互联。它释放出来的新应用和新潜能，足以改变世界秩序。

这背后，其实是区块链的本质——一个全新、开放、平等、透明以及去中心化的信用体系。这究竟会带来怎样的改变呢？

在人类社会行为中，区块链几乎可以用于记录一切有价值的关系协议，比如婚姻证书、契约合同、教育学位、金融账户、保险偿付，以及其他所有能用代码去编写和表达的事物。

我们可以看到，一些政府机构和金融机构，已经开始应用区块链来改变他们原有的数据存储和交易方式，从而使它们的系统运行得更高效与更安全。它们还可以通过区块链这一载体，将它们积累的高价值数据开放给社会公众，既创造了更多的社会福利，又保护了数据隐私与安全。

例如，乌克兰敖德萨地区政府就是基于区块链技术，建立了一个在线拍卖网站，通过这个平台以更加透明的方式，销售或出租国有财产，基本上避免了此前的腐败和欺诈行为。

而在能源领域，欧洲能源署也提出了"能源联盟"的概念，通过分布式发电、智能电网和区块储能技术，让所有居民都能参与到电能的生产和销售中去，并且大幅降低了电费开支。

我们还可以预见，区块链在社会公益方面发挥的巨大作用。比如，捐赠援助是否落实到了困难对象？什么时候落实的？是否百分之百落实？

区块链构建的信用体系，不可篡改，可追溯，能够从根本上解决社会公益的透明度问题。

毫无疑问，区块链对人类社会每一个领域都将产生深远的影响。对于我们现有的商业模式与生态而言，更是如此。

我们经常提到共享经济，探讨 Airbnb、优步和其他一些平台模式，但其实它们并非真正意义上的共享经济。真正意义上的共享经济，还需要区块链来实现。

想象一下，我们用区块链去改造 Airbnb。这样一来，Airbnb 就变成了一个所有成员共有的协作组织。当用户需要租房时，系统会在区块链上搜索房源，并自动进行匹配。对于整个过程，系统都会在区块链上自动存储记录，最后给房源提供者一个评价。而所有参与者都能以 Token 的形式从中获利。

以太坊区块链的创始人维塔利克曾经说过一句话："区块链不会让出租车司机失业，而是会让优步倒闭，并让出租车司机直接为顾客服务。"

这句话更深层次的意思，就是用区块链构建的信用体系取代了平台公司；用分布式记账、非对称加密、共识机制以及智能合约来取代平台公司的广告推送、人为干扰、信息篡改以及交易佣金，从而实现真正意义上的共享经济。

第二节　通证经济：横空出世的新秩序

大家有没有想过一个问题：作为用户，我们给微信和淘宝这样的互联网平台，贡献了流量，贡献了内容，甚至还贡献了数据，从而推高了腾讯和阿里的股票价格。但我们却没有从这一过程中获得任何回报。

在数据已经成为重要资产的时代,这合理吗? 这个问题,将是我们解读通证经济的一个切口。

优势资本董事长吴克忠说过,以区块链为内核的通证经济,是 500年一遇的变革机会。500 年前,公司这种组织形式的创立,彻底改变了人类的商业文明;500 年后,通证经济将颠覆公司,重新塑造新的商业文明。

具体而言,区块链将重新定义我们的信用体系,而区块链衍生出来的通证经济,则将重新定义我们的生产关系。

传统公司组织的瓶颈

我们先说回公司的组织形式。它的本质是通过募集资金来集中劳动力与生产资源,通过中心化管理,实现规模化生产。自从 16 世纪初荷兰人发明了公司制度以来,这种组织形式不断完善,支撑了人类社会与经济500 年的发展。

然而,从大航海时代、工业时代,到互联网时代,再到如今的智能时代,每个时代的核心竞争力都在不断发生巨大的改变。

工业时代,我们的核心竞争力是资本与流水线;互联网时代,则变成了流量与用户;而在智能时代,我们的核心竞争力已经变成了智能化节点与数字化资产交易。

在大数据、人工智能与物联网等新技术浪潮下,全世界的生产资料与各种资源,都在以信息化与颗粒化的方式,不断地转化为数字资产。这种转化所带来的价值,已经无法用公司制度这一中心化组织形式高效地运营与承载了。

这背后一个深层次原因,就是参与个体对整个组织的贡献,没有办法完全客观公正地评价与激励(比如公司员工的薪酬待遇),甚至被完全忽视(比如用户对互联网平台的贡献)。

恰恰相反,区块链衍生出来的通证模式,天生具备对于激励的颗粒性、及时性与公正性,可以最大限度调动个体贡献的积极性。

我们以比特币为例。整个比特币系统,没有董事会,没有管理层,矿工们却积极地贡献算力，还不拿工资。这完全是因为智能合约和共识机制维持着系统运转，而比特币则针对矿工们的贡献，进行及时的激励。哪怕贡献只有一丝一毫，都可以测算出来并公正地激励。

通证是什么

最初，很多人把通证单纯地理解为数字货币。在公众认知不足的情况下，一大批坑蒙拐骗的 ICO（首次币发行）项目开始泛滥，虽然最终受到法律法规的严惩与封杀，却也一度将区块链行业引入歧途。

究其本质，通证其实是可流通的加密数字权益证明，简单来说，就是价值的载体。

首先，我们来看看什么是可流通。说到可流通，大家的第一反应可能就是货币了，货币在某种程度上可以说是最广泛的流通手段。相比货币，通证又有哪些独到之处呢？通证自然不是货币，但在通证经济的生态中，它是能够对标现实价值的介质与载体，并且这种价值载体也能传递流通。

其次，我们来聊一聊凭证。凭证可以理解为确权，它是一种证明手段，更是一种社会共识，同时又代表着相应的价值。通证经济是以区块链作为技术载体的，因此保证了其作为凭证的可识别和防篡改特性。同时，通证的凭证范围相当广泛，无论是一只股票还是一栋房产，抑或是个人信用与权利，都可以作为通证登记在区块链上。

只有确权，才有流通。我们试想一下，如果人类所有的权益证明都能够通证化，那就拥有了保护隐私、防止篡改与可以追溯等属性，也就有了可以高频自由流通的前提。

举个例子。以前我们通过劳动为公司创造了 100 元的价值，但最后我们只获得了 50 元的工资报酬，剩下的 50 元被公司股东拿走。这里面最大的矛盾，是我们创造了价值，却没有获得对等的权益。

不过，通证化的组织形式，带来了一种新型的生产关系。它因为去中心化，让运营成本更低；因为智能合约，让运营效率更高；因为共识机制，让运营过程更公开且公正。更重要的是，就像比特币一样，因为通证，每一个参与者都有同等的地位和权益。我们创造了多少价值，系统就会奖励给我们多少通证。

这就是通证经济的理想模型，即利用区块链系统，让通证进入流通环节，让所有生产要素在系统中自动协作，使权益与资源的配置更加精细也更加合理。

如何进行通证化改造

在这里我们不妨构想一个原始版的案例——小浣熊干脆面的通证化改造。小浣熊干脆面是"80后"的童年回忆，每一包干脆面里都有一张具有收藏与交换价值的水浒英雄卡。这就类似于通证，我们可以把它想象成原始的"通证项目"。

水浒英雄卡总量有限，通过吃干脆面"挖矿"产生通证，使用采购证明机制，发行价五毛钱，通过线下交易，最稀有的卡一度炒到100元一张。对小浣熊干脆面的生产商来说，水浒英雄卡也是一套拉新客户、提升活跃、转化库存、提升用户黏性和留存的机制。

因为区块链本质就是分布式的公共协议加价值网络，所以一个企业通证的本质，就是通过区块链重铸自己业务的共识和信任，搭建一套通证的价值激励体系。小浣熊干脆面的通证化构想，正是基于这一核心本质。

这就给了我们一种启示：对于传统行业的企业来讲，可以考虑把资产区块链化。资产可以是一些排他性的、可以数字化的资产，如房产、专利、作品、商标等，也可以是目前企业的现有积分体系。

如果是一家已经有积分体系的企业，比如航空公司或者连锁酒店，它们则更适合通证化改造，因为它们已经具备了现有成熟的会员里程积分或消费积分体系，只用考虑将现有会员积分体系迁移至区块链当中即可。

这将带来三点好处：

第一，通证系统比积分体系更加透明。在传统的会员计划中，大多数顾客不愿花费时间和精力去了解复杂的积分规则，导致很多顾客对获取积分以及使用积分兑换礼品的热情不高。而区块链的智能合约可以保证通证的首次发行、增发、获取，以及交换的透明化，打消顾客心中的疑虑，让顾客对会员计划有更大的兴趣。

第二，企业运营更加容易增值与获客。企业的最终目的是盈利，会员计划的区块链化，可以帮助企业保证用户留存、用户活跃度激活，以及新用户获取，从而大大提高营销效率。客户使用通证的方式，除了在企业内部进行兑换和交易，也可以与其他人，或者是在二级市场上交易变现，这样就使得通证价值更加公允，且不容易被企业操纵或者暗中稀释价值。

第三，提高流动性。传统会员积分计划中的积分使用场景非常有限，只能兑换商家本身提供的服务，比如机票、酒店住宿等。而将积分体系通证化之后，通证的流动性大大提升，通证的持有者可以方便地、不受额度限制地进行变现，大大提高了其流动性和内在价值。

通证经济的未来想象空间

我们说共享经济在移动互联网时代取得了巨大的发展，共享单车（摩拜）、共享度假屋（Airbnb、途家）、共享汽车（滴滴）等，都快速成长为人人皆知的知名品牌。但是细细想来，它们的成功恰恰在于没有共享，只是将服务汇集起来进行出售。

对于平台服务类的公司也是如此，电子商务平台（淘宝、京东）、信息平台（58同城）、内容和社交平台（微博、知乎），无不是将信息和服务汇总，通过不同的形式将其出售。

本质上来讲，这两类企业提供的都是一种中介服务，通过中心化的信用担保，将信用和服务汇集此处，并撮合不同的生态参与对象。如之前章节所说，区块链会对使用中介服务类的商业模式企业产生巨大的冲击。

假设Airbnb不再是一家中心化的公司，而是在区块链上的一个分布式应用，这个区块链应用属于所有的房东和房客。当有人想租房，他们进入区块链的公开数据库和标准库，找到一个房东，通过公开账本鉴定房东本人和房屋对象，并且自动通过通证解决支付问题，甚至解决匿名评价和虚假评价问题，那么这个生态将会对参与者有极大的吸引力。

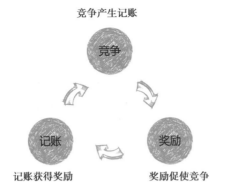

区块链通过竞争、奖励、记账达到去中心化

　　在这个新的商业组织形式中，整个过程不需要任何一个中介机构来参与管理，所有生产要素都进行了自由合理的配置，所有参与者都依托协议机制，自动地来协同合作，最终实现了价值共创与共享。

　　我们甚至可以更进一步说：通证经济打破了传统社会的生产关系。我们的协同合作，不再因为公司组织、地域限制与信任机制而画地为牢，不再有上下级与雇佣关系，而是在同一个目标任务下，参与者自由组合，平等协作，公平公正，按劳分配。

　　回到我们一开始的那个问题。如果我们把背景从互联网经济时代切换到通证经济时代，我们就不再需要微信与淘宝这样的中心化平台。

　　它们的中心是腾讯与阿里这样的商业机构。我们既不能直接分享权益，更难以杜绝平台运行过程中商业机构主观意志造成的不公平。比如奥巴马和特朗普都被爆出通过某社交网站的用户数据，向不同用户推送针对性的内容，操纵民众意识影响总统选举。

　　取而代之的将是，通证经济带来的去中心化平台。它的运行完全依靠分布式账本、智能合约、非对称密钥与共识机制等区块链的技术特性，既客观公正，又保护隐私，还不可篡改。

　　在这样的平台上，我们聊天、购物、发朋友圈和给别人朋友圈评论点赞，都将获得通证激励。为了获得更多的激励，我们就会更多地聊天、购物、发朋友圈和评论点赞。这样一来，整个平台系统的价值就会变得更大,而我们已经获得的通证也就更有价值,由此形成一个不断发展、不断增值的正向循环。

这也许就印证了 240 多年前,亚当·斯密在《国富论》上的论述:人人利己会促进社会总体福利。那么未来,区块链是否可以实现这个"人人为我,我为人人"的理想世界呢? 这个问题,现在我们还无法回答。

第三节　深度探讨:"区块链+人工智能"的未来构想

区块链与人工智能,这两大趋势之间有着怎样的联系? 它们能碰撞出怎样的火花? 它们又是如何在智能社会中发挥作用的?

什么是"智能社会"

想象一下,你要出去旅游,只用跟机器提出具体需求,机器就会为你安排整个行程,包括旅行社、航空公司、目的地酒店以及餐厅等。此外,机器还会结合你的财务状况,为你进行一系列的预算优化,包括价格协商、日程协调、行程衔接和支付结算等,所有过程都不需要你的参与。

在这个例子中,我们可以看到智能社会有两大特点:

第一,异构数据和异构服务的互联。本来旅行社、航空公司、酒店和餐厅,它们的数据和服务都不相同,而且是割裂开来分别独立存在的。但在智能社会下,这些异构的数据和服务将被全部打通,实现全面的大整合。

第二,应用互操作。原本你在每一个环节,都需要去对接不同的机构,比如航班与酒店等,并且要尽量协调,非常繁杂。而在智能社会,所有环节都在统一的秩序下,自动组织、互相协作,高效地为你制订出最优的解决方案,而你全程都不必亲自参与。

根据这两个特点，我们可以概括，智能社会其实就是区块链和人工智能融合发展到一定阶段的结果。智能社会通过应用各种信息技术，对社会生产、生活各个环节的数据和信息进行收集、处理，实现各个环节的互联互通，从而实现社会生产、生活全面自动化。

分布式智能

我们先站在区块链的角度来看，人工智能大幅提高了区块链的可扩展性，并为区块链的不同环节提供优化策略。

区块链系统本身的运行效率其实非常低，拥有的数据维度也很有限，一般只有交易记录。而人工智能则可以在区块链系统上搭建各种各样的应用端口，从而让区块链系统可以参与各种领域的数据应用。

区块链及其相关技术，比如共识机制、安全机制、节点维护与更新等，每个环节都有大量的信息要处理，也都涉及环节之间的配合，人工智能技术可以为其提供诸如共识算法优化、节点智能负载均衡、风险识别等各项支持。

在这一层面，人工智能技术对区块链起到辅助作用，两者的内在联系属于弱关联、松散联系。反过来，更加成熟和完善的区块链系统，则可以帮助人工智能实现分布式智能。

分布式智能是人工智能未来的发展趋势。要实现它，就必须解决两个关键问题：一是让遍布全网的每一个数据存储节点，都能分别建立自己的智能系统；二是让所有的智能节点能够自动形成协作，完成同一个命令需求。这也就是我们前面所提到的应用互操作。

区块链技术正好能够解决这两大问题，它能够对人工智能系统的数据存储、数据传输与数据处理方式进行分布式改造，从而推动人工智能系统由单一智能系统向分布式智能系统进化。

这里，我们来看一个未来基础设施智慧管理的例子。

我们可以构想一下，未来所有的电线杆都是一个智能节点，它们统一构建在一个全电网区块链系统上，拥有电力输送以及存储的功能，同时又互相共享工作运转的相关数据。

正常状态下，这个分布式智能电力网络系统，可以根据不同区域的用电高峰与低谷，智能化调节电力的输送与储存，大幅提高用电效率，减少浪费。

而如果遭遇突发状况，比如其中一根电线杆出现故障，区块链系统就会随即做出两个响应：一是马上通知维修工人进行维修，二是立即调用附近的电线杆来接替故障电线杆进行电力输送和存储，以确保正常用电不受影响。

从这个案例中，我们能够总结出分布式智能的两个优势：一是提高资源分配效率，二是抗风险与协同应急能力。当然，这种模式还可以应用到其他更多的领域。

人工智能的防火墙

分布式智能还只是应用层面的融合。在更核心的人类社会伦理道德问题上，区块链还能最大限度地约束人工智能。具体来说，区块链去中心化、可追溯、不可篡改与公开透明等特性，还能避免人工智能可能带来的不公平问题，甚至防止人工智能失控。

在现阶段弱人工智能时代下，所有的智能算法都是中心化的。我们可以看到每一个企业都有自己的算法，它们把大量的数据集中到一起，中心化地处理和运用。比如企业通过算法向用户定向推送广告、新闻与商品等行为，都是以自我为核心来达成目的。

但是，这其中最大的问题，就是中心化商业机构的算法背后的立场和动机难以完全公正。一个企业掌握数据后，如果将这些数据违规转移到其他模型中，用算法来作恶，就会给消费者甚至整个社会带来危机，社会资源分配不均的矛盾也会进一步加重。

但是，如果我们是在区块链的智能合约上来运行算法模型，并设置提供数据和使用数据的规则代码，就可以让人工智能算法的创建和运行动机更透明、清晰和可控。

区块链建立的新机制，让操作记录和认证取决于多个机构，少数服从多数，这样就能扼制最强者的功效，从而让更多人享受科技发展的红利，同时也让社会资源分配更加合理。

比如在医疗资源上。未来我们需要打疫苗，只用在全网医疗区块链系统中输入打疫苗任务，智能算法就会帮我们检索最合适的卫生所。而卫生所在区块链系统上，会确认我们的时间、位置以及身体状况，然后筛选疫苗种类，最后安排具体的护士来操作。如果我们没有按照约定时间去打疫苗，区块链就会通过疫苗记录进行提醒。

在这个例子中，依托区块链，所有的医疗数据、制度和秩序，都实现了公开透明。人工智能的算法以及协作执行，也是在全网的监管机制下进行。医疗资源得到了最有效的分配，人工智能发挥了重要的执行和服务能力，满足了用户的需求。

除此以外，"区块链+人工智能"也可以创造出新的经济生态。因为人工智能具备自主决策能力，能够调度生产资源并不断进化，而区块链可为其提供发展的土壤，给予人工智能所需要的算力、算法和数据，两者结合将会有无限的想象空间。

跨越数据共享障碍

在新的生态中，数据及数据产品可作为所有权明晰的资产流通起来，共享生态将激发创新、创造新的社会价值。

如今，得数据者得天下。许多公司通过各种产品收集用户数据，不断迭代产品使其获得用户的青睐。正是因为互联网时代的这种竞争，企业和机构纷纷建立起自己的数据"护城河"。

每个企业都希望获得更多的横向数据，从而建立更大的市场数据库去更好地指导业务拓展。因此，企业或机构一边希望获得跟业务或用户相关的数据，一边又担心自己的数据会泄露。许多公司认为数据共享带来的风险高于回报，因此不愿提供自己的数据，这就是现有数据交换面临的困境。

区块链可以为数据的安全流通搭建桥梁，数据共享甚至能得到全新的模型。我们来看看自动驾驶领域的案例。

我们开车时，会下意识地预测接下来几秒内道路上其他行人、车辆的反应,预想行人或许会乱穿马路、前方车辆会突然刹车。细心的驾驶员非常善于处理这类状况,控制速度,为道路上的突发事件提前做出规划。

因此,实现自动驾驶远比多数人想象的复杂得多。一辆车首先需要通过它的环境感知系统采集数据,多维度分析天气情况、信号灯情况、前方是否有人或有车等驾驶环境,以及路面交通情况,传到驾驶控制决策模块形成操作指令,完成刹车、加速、开启信号灯等操作。

测试车辆的自动驾驶系统需要大量真实场景数据训练模型,但空有驾驶里程也是不够的。在空旷的高速路上学习的驾驶技能,也不太可能转化为真实的驾驶技能。

这就需要所有的行业参与者都共同来实现这一目标。谷歌的自动驾驶汽车至今已经行驶累计超过 800 万公里,测试地点涉及美国的六个州,达到这样一个数据量花费了七八年的时间。

近几年来,优步、百度、阿里巴巴等科技公司也开始研发自己的自动驾驶汽车,如果这些企业能共享各自的路测数据用于模型训练,甚至道路上的车能分享行车数据给研发机构,不同驾驶环境和路况场景的数据量将成倍增加,整个行业的前进步伐可能会更快。

当然,这样的数据分享可以通过有偿形式进行。区块链基础的数据共享方式可以保证数据来源和去向明确,没有中间平台留存数据。去中心化的数据控制方式将促进数据的共享,更多训练数据的共享,也意味着人工智能模型的共享,新的商业模式由此形成。

此外,在政务服务方面,区块链的价值也逐渐体现。

重庆率先建设了区块链政务服务平台。借由该平台,企业在重庆注册公司的时间可从十几天缩短到最快只要三天。

过去注册公司往往需多次填报信息、重复提交资料。而现在,只需登录"重庆市网上办事大厅"网站,集中提交一次材料,就可完成申办营业执照、印章刻制等全部步骤。

区块链政务服务平台,主要利用金融级区块链技术,让用户提交的材料从生成、传送、储存到使用,全程的数据可溯源、不可篡改。

一旦营业执照核准通过,就实时推送数据至区块链上,保证部门间数据的可信流通和共享。用户一次提交的资料，可供其他部门采用，不再需要重复提交。

重庆政务服务引入的区块链技术，实现了"数据多跑路、群众少跑腿"，提升了服务效率和群众办事满意度，未来也会将区块链技术应用到更多民生领域。

"区块链+人工智能"会取代艺术家吗

我们说艺术是人类大脑独有的能力，因为它需要创造力、灵感、逻辑与状态的完美结合，它们是无迹可寻的。但随着技术的发展，人工智能是否会生成不逊于人类作品的 AI 创作？

事实上，在模拟创作方面，深度学习算法已经取得突破。法国计算机科学家兼音乐作曲家皮埃尔，在 2016 年 2 月创作了一个能够谱曲的人工智能系统，其生成的音乐作品连音乐家都无法分辨。IBM 的认知计算平台 Watson 学会了用电影原片剪辑预告片。北京大学研发了利用大数据分析、自然语言处理与机器学习技术的写稿机器人。

在互联网与数字化快速发展的今天，人类艺术家已经通过数字化工具，开始创作数字艺术、网络文学作品。网络在带来分享和传播便利的同时，也带来了盗版泛滥的问题。无论是人类创作还是人工智能创作，这都是无法回避的挑战。

一个解决办法是，共享到区块链上的数据，本身具备资产属性，可以直接交易与变现。区块链可以标记创作的来源和去向，构建智能合约。在开放平台上出售作品使用权时，自动完成版税支付并颁发授权许可，对创作者直接形成激励。这也可能成为一个数据共享的驱动力。

在人工智能支持下，算法学习 10 小时就能模拟出风格鲜明的画家作品、音乐作品，快速习得的"风格迁移"作品产出量是人类临摹或创作的数倍，消费者可能因为喜爱这种风格而接受此类产品。

这就意味着只要研发出一种算法就可能产出大量名家的模仿作品，成为创作市场争相追逐的对象。这将改变艺术、设计、文学、新闻及影视文化等诸多创作行业的版权保护现状，进一步促进文艺行业的全球化传播和数字化发展。

　　未来，我们也会把人类的伦理规则通过区块链智能合约化，嵌入到人工智能系统中，从而建构更多的数字世界的文化规范和道德规范，形成真正意义上的智能文明。

第四节　应用落地：区块链还要闯过哪些关

　　大家有没有思考过这样一个问题：虽然区块链有很多好处，但为什么大部分案例都只是存在于构想中呢？为什么没有实实在在落地的区块链应用呢？区块链应用要落地，到底需要克服哪些难题？

　　我们先来看两个标志性的事件。

　　一是数字货币 Libra 引起了全球轰动的同时，也遭遇美国政府监管机构的巨大阻力；二是中国政府最高领导层，明确地肯定了区块链在未来产业创新中的重要作用，并出台了一系列关于如何大力发展区块链，以及如何促进区块链与实体经济融合发展的指导意见。

　　从这两个重大事件中，我们不难得出两个结论：其一，区块链的货币属性，因为有可能冲击现行的政治、金融与经济体系，所以社会各界对此还存在种种疑虑；其二，区块链的工具属性，可以放心大胆地跟大数据、人工智能与物联网等新技术一起，赋能实体产业的智能化创新发展。

　　区块链技术应用实践的春天已经来了，但未来发展之路却并非坦途。实际上，除了数字货币，到目前为止，我们没有看到任何一个区块链应用，能够大规模地应用于实际的生产和生活。

区块链的落地难题

　　首先是以区块链为基础的万物账本，在目前海量信息的商业体系下，价值是非常有限的。

区块链技术虽然能够用很低的成本来打造分布式的万物账本，但目前区块链账本的数据维度还非常单一，仅仅局限于交易记录，而它在海量的商业信息中，占比非常小，无法对商业决策起到决定性的作用。所以，仅仅靠记账这一点，还无法撬动根本上的商业变革。

第二个局限是，区块链虽然让信息公开透明，但不能让我们的主观判断形成一致，因为信息的客观价值是非常有限的。

怎么理解呢？大家都知道，在目前商业行为中，信息数据只是为我们提供分析依据，最终决策权根本上还是依赖人。区块链虽然消除了信息不对称，但这些信息是否有价值，有什么样的价值，仍然需要人主观地去认知与评判。

这是区块链未来发展不得不解决的两个问题。

认识到了这两点以后，我们再去重新审视和思考区块链的未来发展，你会发现，目前我们关于区块链的讨论，以及对数据和信息的理解，都过于机械和简单。

去中心化不是绝对方向

湖畔大学曾鸣教授曾经表达过这样一个观点：去中心化是一种内生变量，而不是绝对方向。

我们通过区块链系统的三个层面，把这个概念延展开来理解。

在架构层面，我们需要去中心化，也就是分布式架构，这是技术上必须实现的；但是在逻辑层面，我们反而要中心化，因为我们要统一数据库和统一记账；到最后，在决策层面，我们则需要根据具体情况与规则，考虑是否需要去中心化。

实际上，去中心化并不是区块链项目的天然优势，也不是我们追求的一种价值观。去中心化只是某种制度安排，一种需要系统考虑的内生变量。

最早的部落经济是点对点的，是完全去中心化的。但它为什么落后？是因为网络过于稀疏，没有协同。农业经济的核心要点，是以部落和乡村为核心的、相对自给自足的模式，但是交换网络的扩张，是促进经济发展的重要因素。

互联网开启了相对开放的网络协同时代。从 PC 互联网到移动互联网，这种协同已经有了很大的发展。而未来，物联网和区块链的结合，将极大地扩大网络协同的边界，且更直接地建立在点对点的网络结构上。

区块链的本质是什么？从商业创新和发展的角度来看，区块链最本质的特征是建立了有一定共识基础的、点对点的协同网络。区块链下一步大发展的核心挑战，恰恰是这样的协同网络在什么场景下可以创造最大的价值？也就是说，这个协同网络到底解决了什么问题？为什么比以前的解决方案好了很多？这个网络的增长动力是什么？

应用区块链技术的最终目的，还是解决实际问题。选择中心化或去中心化，核心在于：它是在什么场景下应用？能解决什么以前无法解决的问题？采用什么样的模式，才能既保障公平，又能激发参与动力，还能创造社会价值？

这些才是我们最应该去思考和探究的问题，而不是过分地强调去中心化这个模式。换句话说，只要找到了上述问题的答案，无论是去中心化还是中心化，我们都可以使用，甚至将二者结合。

举个例子。我们构想"用区块链改造打车服务平台"的时候，往往过分注重区块链去中心化与点对点的优势，而忽略了中心化平台所能提供的公共服务，这些服务也至关重要。

比如，针对司机或乘客可能发生的恶性行为，谁来预防、发现和惩罚？这些问题我们只要追问下去，你就会发现，至少目前来看，任何商业行为都没有绝对意义上的去中心化，一定会有中心化的决策元素参与其中。

共识机制不等同于信任

要知道，在某些区块链项目中，共识机制也可以被创始团队直接修改。这不就是中心化的体现吗？所以，未来的区块链项目必须要因地制宜地设计机制和制度，才能更好地解决实际问题，从而发挥更大的价值。

再看另外一个例子。有交易就有交易纠纷，能否有效处理交易纠纷是交易网络能否繁荣的一个重要基础。淘宝在很大程度上是中心化地由官方来处理买卖双方出现的交易纠纷的。但我们发现这个成本很高，而且很多时候客户不满意。淘宝从2012年开始引入去中心化的方法，由社区认同的陪审团仲裁交易纠纷，取得了很好的效果。但这个机制启动也经历了几年的孵化期。

一个去中心化的区块链社区，如何处理交易纠纷，甚至欺诈等恶意行为？如何决策？谁对什么问题可以有什么影响力？事实上，我们想要区块链进一步地深入发展，除了区块链本身的共识机制之外，更需要形成我们现实社会的共识机制。

这怎么理解呢？

虽然区块链能够大幅降低信息不对称，但客观的信息价值是非常有限的。我们除了要考虑信息本身的价值是否足够高之外，还要考虑大家对同样的信息判断是否一致。

而有价值的商业信息，通常都是复杂的信息，需要主观及专业的判断。我们甚至可以说，没有所谓的客观信息，信息都是主观的；是人的判断的不一致，带来了最后决策的不一致。

商业，在看得见的未来，还将很大程度上依赖人的创造力和判断力。信息的透明和对称，只是提高了判断力的价值。目前区块链的讨论，对商业和信用的理解过于机械和简单。

而另一方面，区块链的共识机制，并不能完全等同于社会信用。在现实社会中，信用需要一个漫长过程来日积月累。比如你接触一个合作者，从他的资料开始，到他的能力、他的动机，最后到你们能否达成合作，在这个过程中，你们双方都需要多次挑战彼此的信用。

淘宝的成功，就是一个长期建设信用体系的过程。

在很长一段时间里，淘宝上都存在一种很猖獗的恶劣行为，叫职业差评师。也就是有人在淘宝装成买家，在卖家那里购买商品后威胁卖家，如果卖家不把这个商品送给他，他就会给卖家打差评，这就是典型的勒索。如果卖家不服从这个勒索，就可能得到一个差评，影响未来的销售。这也是在建立信任体系过程中需要解决的问题。

而商业信用的问题是需要一点点去克服的，无法一蹴而就。当时淘宝花了很大的力气，设计了很多的机制，经过两年左右的实战和算法的演化，最后才基本上把差评师这种恶劣行为给打压下去。

此外，支付宝也是从担保交易开始建立最基本的信任，然后通过广泛参与的点对点的评价体系，形成了对每一个卖家的基本信用评价，到成立长期的专业打假和反欺诈团队，都是为了建立信任。

我们可以简单地说，只要解决信任的问题，市场就能繁荣。但实际上，这句话要落地，是长期不断迭代的结果。就像淘宝的案例，这些机制都是长期互动积累下来的。区块链如何在透明记账的基础上建立去中心化的信任体现，还有很长的路要走。当然，这正是机会之所在。

区块链是假定在没有信任的情况下怎么产生尽可能大的共识。这些共识是写在算法当中的，所以已经可以大幅降低交易成本。

但是，我们如何在区块链的共识机制上，形成真正的社会信用体系，这才是真正推动社会协同最重要的因素。能在越大范围产生越高的信任，就能获得更广泛与更深入的协同，创造更大的社会价值。

区块链注定要在现实世界中东奔西突，分布式商业能否达到或超越既有商业的效率？区块链的颠覆性，在激烈的现实冲突中如何被化解？区块链又如何完美地平衡效率、公平和安全这三大关键因素？对于这些问题，我们现在还无法给出答案。

不过，我们可以确定的是，区块链带来的变革，不仅是在技术与模式上，更是直面人性的。我们只有在这个高度上，理解区块链，理解通证经济，才能对这一新的历史机遇，抱有足够的敬畏心和使命感。

4

5G：链接新型信息社会

第一节　我们为什么需要 5G

5G 是第五代移动通信技术的简称。

2019 年的乌镇互联网大会上，一辆自动驾驶的微型公交车引起了人们的注意。

在这辆特殊的微型公交车上，遍布着上百个激光雷达。它们时时刻刻采集着车辆周围的路况数据，并通过 5G 网络传输到云端计算后台。最后，这些计算结果通过 5G 网络再次传回汽车，形成自动驾驶的指令。得益于 5G 网络的超高传输速度，这辆公交车能够在 0.1 秒内发出制动指令并踩下刹车。

0.1 秒意味着什么？

根据相关测试，普通人类从看到障碍物到踩下刹车，整个反应时间为 0.2~0.5 秒。反应速度上，人类完全不是自动驾驶的对手。要知道，如果汽车的时速为 100 公里，仅仅在 0.1 秒的时间内，汽车就会移动约 2.8 米的距离。这还是轮胎和路面情况完好的情况下，最为理想的成绩。

上面这个例子，只是 5G 变革趋势下一个非常具有代表性的场景。而在宏观层面上，5G 变革的核心逻辑是什么？它跟我们前面谈的大数据与人工智能，以及后面要讲的物联网与新一代计算，又有什么关联？它又将深刻影响哪些产业？谁又将会成为 5G 时代的赢家？

接下来，我们逐一为你解答这些问题。

5G 时代下的网络切片

首先，从技术发展的角度，5G 最大的意义在于真正实现了网络切片。

移动通信领域的发展，就像是一个 DNA 的双螺旋结构。

这个双螺旋，分别代表着半导体技术与通信技术的发展轨迹。两种力量相互交织，前者主导方向，后者稳步跟进。半导体技术的发展，帮助手机的性能逐步提升；而通信技术的发展，则不断利用半导体的能力，把信息传递工作做到极致，最终让用户感知。

然而，摩尔定律的失效，让半导体的主导能力出现了停滞，芯片在现有技术条件下，已经很难再进行突破。与此同时，通信技术可没闲着，发展还在继续。但遗憾的是，就像不管给汽车多么优质的燃料，它也不可能拥有火箭的速度。如果通信技术本身无法产生质变，那么通信领域的发展水平则不可能更上一层楼。

这里，我们要引入一个概念，那就是网络切片。

在中国无线电波分布图上，3kHz～300GHz 的频段区间被切成了许多"段"。每一个频段都有特定的用途，比如导航、远距离通信、雷达、电视和广播等。时间一长，有些频段变得越来越拥挤，还容易发生信号干扰的情况。

从之前的参数来看，4G 的移动通信速率在 100Mbps/s 左右，带宽非常有限。因为网络带宽的限制，4G 没法同时传输大量数据。为了确保对应频段的正常通信，我们会对传输数据的重要性进行分级。简单来说，就是重要数据先行，次要数据放在后面。

伴随着人工智能与物联网大爆发的新趋势，无人驾驶、远程医疗与安防应急的场景需求不断涌现。此时，在这些都非常重要的领域中，设定数据先后顺序就不太现实了。因为所有数据都很重要，所以需要通信系统能够创造稳定和快速的传递基础。就像前面我们讲到的自动驾驶，数据在车辆与云端的传输，一旦出现卡顿或者延迟，后果将不堪设想。

怎么办呢？网络切片正好就能解决这一问题。

所谓切片，就是把网络切割成多个细小的虚拟网络。每个虚拟网络之间，包括网络内的设备、接入与传输都是独立存在的。任何一个虚拟网络发生故障，都不会影响其他的虚拟网络通信，更不会影响整个系统的运行。这个时候，因为 5G 比 4G 拥有更宽的频段，所以就有了实现网络切片的必要空间。

为什么说网络切片具有革命性的意义呢？

大家都知道，在4G与移动互联网时代，手机是主要的移动互联网接入设备，大部分可穿戴智能设备，包括手表、智能音箱和智能耳机等，都要通过手机来完成联网。但5G与物联网时代，要求所有智能设备必须同时在线且直接联网。这正好需要无数独立且互不影响的虚拟网络来保障无故障、低延迟的通信传输。这样一来，5G与生俱来的网络切片能力就有了用武之地。

释放云端算力

当前几代移动通信技术，建立起了以手机为核心的数据交互体系后，5G要做的，就是打破这一切，让每个智能设备都获得平等的连接权利。而与之相伴的，将是一次巨大的云端算力海啸。

这不是毁灭的海啸，而是革命式的海啸，云计算、雾计算和全息投影等许多应用，都会是这个海啸的受益者。

云计算的高性能算力，最适合处理海量且复杂的数据。这一点上，恰好与5G万物互联能力天生匹配。无数新兴的智能硬件，将靠5G来与云端进行数据传输，完成数据计算与指令的交互闭环。

雾计算可以利用硬件终端位置的优势，为用户提供更好的计算体验。还有可能利用5G网络，把各个终端节点连接起来，形成一个分散布置的整体计算"核心"。

在华为发布的《5G时代十大应用场景白皮书》里，云端VR/AR、车联网、无线家庭娱乐和高清直播也是5G可以大展身手的地方。

以VR/AR为例，它们需要5G来完成低延迟的图像传输，加速更多的场景落地。一个最典型场景，就是家电的远程维修。任何零基础的服务人员，只需戴上AR眼镜，就可以将场景图像传回后端。后端通过图像识别与机器算法，就可以智能化地远程指导服务人员该如何完成修理。

全息投影也是5G发力的一大场景。如今，小规模的全息投影已经出现在了各大科技展会的现场。全息投影的效果远比照片逼真，同时它也意味着巨大的数据传输量。如果要做一个高清电视分辨率水平的全息投影，仅仅一秒钟就需要 450 亿个像素点，而同样分辨率的平面图像只需要 1 亿个像素。

当前，在一些细分领域中，已经看到了全息投影的成功落地。尤其是在建筑设计、家居设计和房屋装修等设计场景中，全息投影能够全方位展现物体的每个细节，拥有极强的真实感。

打破软硬件边界

5G 不再是通信技术的"个人表演"，它促进了多种前沿技术趋势的互相融合，架起了无形的桥梁。最明显的，就是打破了软硬件边界。

我们已经看到了这样的现象：BAT 等互联网公司，开始自己尝试制作硬件；而以华为、联想和小米为代表的硬件企业，则开始研发自己的平台与生态。

我们该如何理解软硬件结合这一现象？

回顾早期，硬件和软件是两个完全不同的领域，它们各赚各的钱。但摩尔定律失效，让硬件很难再赚取丰厚的利润。最明显的一个现象，就是卖硬件设备不再赚钱了。最近 20 年来，手机、个人电脑、音乐播放器等曾经动辄上万元的硬件设备，价格已经缩水了近 60%，百元手机、百元电视等便宜设备屡见不鲜。

而软件行业在经历了移动互联网的辉煌后，也普遍陷入停滞不前的泥潭。我们知道，软件决定着一个系统数据的处理能力，但硬件却把持着数据接入能力。没有硬件接入，软件的数据处理也巧妇难为无米之炊。

在这样的情况下，软件与硬件的融合发展，就成为整个产业的大趋势。尤其是 2018 年中美贸易战以来，许多中国企业因为被"卡脖子"，不得不选择去开发那些曾经不擅长的硬件配件。与此同时，对于 5G 时代的用户体验来说，产品即服务，服务即产品，长板效应不再具有绝对优势，软件与硬件之间的独立关系不复存在，更多的是相互融合与渗透。

也许你会说软硬结合早就不是什么新闻了，但它真正被重视起来是从 2019 年开始的。在这之前，很少有硬件厂商会在产品发布会上提及软件的匹配能力。这是由于很多 5G 的硬件即将进入的行业里，都因为软件必须针对特定的硬件打造，而成为制约企业发展的"天花板"。

关于这一点，我们已经在苹果和华为这两大巨头身上看到了迹象。尤其是苹果，既做软件也做硬件，你很难把它定义为一家硬件或软件公司。从 iPhone 一代 99 美元的售价开始，到今天 1000 多美元的 iPhone11 Pro，它似乎完全没有受到摩尔定律的影响，公司规模和利润都在不断扩大。

就连我们的民族品牌华为，也从一个单纯的硬件设备提供商，逐渐开始转型为软硬件结合的生态型企业，不但拥有了自己的手机产品，还开发出鸿蒙手机操作系统和自己的 5G 通信标准。所有决策都在说明一个现实：5G 时代，单靠硬件或者软件就能挣钱是不现实的，消费者需要的是解决方案，而不是单独的硬件或者软件。

猜不到的 5G 未来

畅享 5G 时代是有难度的，就像我们当初讨论 4G 时，以为最大的变化是网速，因为它比 3G 的带宽高了一个数量级，而实际上 4G 成就的却是移动支付。如果只是停留在技术层面分析 5G 的未来，注定会过于狭隘。

尤其是在经历 2020 年的新冠疫情之后，整个社会经济被推着向智能化快速转型。不论是外卖、教育、制造、医疗还是新零售行业，都在快马加鞭地进行着一场规模庞大的"智能化实验"。

在这场实验中，我们看到了市场对 5G 技术迫切而巨大的需求，5G 不是孤立存在于智能化领域的某种技术，它的作用是成为每一种技术应用的底层基础，为它们之后落地提供充分条件。往大了说，5G 作为基础设施，承担的是支持新一轮产业发展周期的责任。

它几乎贯穿了整个数智化领域，成为融合一切的虚拟桥梁，你能够在所有的前沿科技落地中看到它的身影。人工智能、物联网、车联网与云计算等许多应用，都在等待 5G 的东风吹来。就连智能手机厂商也在期盼 5G 落地，进而引发新一轮的"换机潮"。

是的，没人能够完全洞悉 5G 的未来会发生什么，但是所有人都等不及了。

第二节 5G 与物联网擦出的火花

相信大家一定听过或看过不少"5G 时代,万物互联"类似的口号,但有没有仔细想过,这究竟是什么意思？5G 和万物互联,又存在怎样的内在关联？先有 5G,还是先有物联网？

关于这些问题,不同的视角,会有完全不同的回答。从通信领域的角度看,5G 代表的是最先进的通信技术,它拥有高带宽、高速率和低延时等特性,让物联网的实现成为可能；但从计算机领域的角度看,硬件技术发展迅猛,智能化硬件开始走进千家万户,因为有万物互联的需求,所以才会有 5G 技术的产生。

这两种说法都有道理,严格意义上说,它们都没错。5G 与物联网虽然是两种不同的技术,但在今天这个阶段,两者已经汇聚成了同一种事物,只不过是体现的方式有所不同而已。

2019 年 9 月,在 5G 主题论坛上,工信部部长苗圩表示："5G 未来的应用是二八分布。20%用于人和人的通信,80%用于物和物的通信,也就是物联网的概念。"

从苗部长的发言来看,5G 作为新兴通信技术,本身的通信功能应用只占很小一部分,而更多的可能性,将会出现在物联网领域。

低延时与高稳定

通信巨头爱立信和德国 IPT 技术研究院,曾经合作研究过一个课题：如何提高飞机引擎螺旋桨的良品率,实时监测制造过程中的问题。螺旋桨是航空发动机中涡轮的重要组成部件,由围绕在轮盘边缘的大量叶片构成。在飞行的过程中，螺旋桨的转速每分钟可达上万转，零部件的任何瑕疵都会因为转速过高而无限放大，最终造成机毁人亡的惨剧。

螺旋桨上的涡轮叶片是无法焊接的，它通常由一整块金属直接加工完成。整个加工过程需要持续 100 多个小时，在一个无人的密闭空间里完成。这意味着在看到成品之前，技术人员完全不知道零件的加工情况。

金属加工过程中，最常见的问题就是机床在运行时容易发生共振，导致刀具偏离预定位置。如果不能及时发现，零件就需要返工或直接报废。

爱立信和 IPT 研究团队的解决方案是实时监测与实时控制。实时监测就是先在螺旋桨的叶片部分贴上传感器，在轮盘部分加入一个通信模组，这样便可以实时监测加工的结果。一旦有加工缺陷产生，及时停止对有缺陷部件的进一步加工，或者定位到缺陷就启动返工。

实时控制则通过对加工过程建立数据模型，根据加工结果的数据，实时调整运行中的加工过程，比如改变铣刀转速等，以避免加工缺陷的产生。

5G 是这个解决方案的关键所在，它最大的优势是可以提供极低的时延和稳定的网络。为了达到实时控制，传感器的信息需要在 1 毫秒内响应和处理，5G 通过提供极低时延的能力确保实时控制的实现。通过引入 5G 网络，研究团队解决了这个问题，大幅提高了良品率，为叶片加工厂每年节约了 3.6 亿欧元的成本。

当然，实时监测和实时控制只是 5G 在企业生产场景里的部分应用，以此为延伸，5G 还可以实现产品的全生命周期管理。从需求、规划、设计、生产、销售、运行和维修保养，到回收再利用，它需要借助 5G 完成整个过程的信息交互，将企业的智能制造水平提升到一个全新的高度。

由此看来，5G 与物联网在应用层面注定是天生的一对。

5G 网络切片：物联网的安全守卫

今天的物联网设备，要么是用 Wi-Fi 连接，要么是用蓝牙连接，总之就是没有直接连上互联网。你家里的智能音箱没有 Wi-Fi，就无法播放歌曲；你的智能手环离开手机，就不能接收相关推送。这样的二级连接方式带来了很大的设备安全隐患。

隐患来自哪里？一旦你的节点网络设备被黑客攻破，你所有的智能硬件也会被同时控制。

这一点，美国前副总统迪克·切尼深有体会。由于心脏健康问题，切尼曾在体内植入了医用心脏除颤器。当植入者发生恶性心律失常时，医生可以在远程控制除颤装置，利用电流刺激心脏，帮助恢复正常心跳，也为后期的治疗争取时间。有意思的是，因为担心恐怖分子的黑客入侵医院，导致自己被"远程"暗杀，即便遭遇了 5 次心脏病发作，切尼还是让医疗人员关闭了体内除颤器远程连接功能。

这并不是一个危言耸听的例子。大部分智能设备厂商是没有能力直接关闭用户手中智能设备的，一旦发生网络黑客劫持事件，只能眼睁睁地看着黑客们肆意破坏。临时断网可以避免这个问题，但始终不太现实。因为你不可能因为某一个局部问题，而中断整个地区或者国家的网络连接。

那么，5G 又如何解决这一问题？

我们在上节内容中提到了的网络切片，它正好可以解决类似的设备安全问题。通过网络切片功能的分配，每个智能设备都拥有一条自己的虚拟子网络。当某一类设备出现问题时，设备商可以向网络供应商发出申请，要求及时关闭这个虚拟子网络，而不影响其他子网络的运行，这些都是 4G 和传统互联网所办不到的。

破除硬件桎梏，5G 向下兼容

除了物联网安全问题之外，另一个让 5G 与物联网密不可分的是良好的硬件向下兼容程度。

何为硬件向下兼容程度？

让我们简单解释一下这个概念，即在智能化时代，当一个系统或者应用更新到较新的版本后，用旧版本的硬件仍能被正常操作或使用，而不会因为性能和兼容问题导致无法匹配。

这个现象在制造业比较明显，很多传统企业想要完成数字化转型，部署物联网往往是第一步，但也是最困难的一步。此前的生产设备并不具备连接能力，如果想要完成设备互联，要么购买新的传感器，要么直接采购新的制造设备。很明显，不管是哪种方式，都会对企业产生较大的资金压力，并不划算。

对于工业物联网来说，硬件成本主要由网关成本和终端成本构成。单个网关设备的覆盖范围增大，设备密度就可以小一些，成本自然也会降低，这很好理解。5G 本身就自带多终端联网的能力，这点毋庸置疑。

而终端的数量是无法改变的，所以工业物联网降本增效的核心，就放在了降低终端的成本上。在这方面，通常的方法是拿通信协议开刀。通信协议适配性越广，就不必再购买其他终端设备。

这个时候，5G 通信的作用就显现出来了。按照相关标准，5G 可以充分兼容 2G、3G、4G 和 Wi-Fi 6 等多种通信协议，无须重复架设终端。

美国的夏威夷国王食品厂就是 5G 物联网的受益者。以往，由于食品制造车间的物联网系统多采用传统网络连接，员工无法进行数据的远程调取和监控。铺设 5G 网络之后，车间内 11 条生产线可以与工人端直连，远程访问实时数据，甚至直接调整设备指令。凭借 5G 物联网带来的升级，夏威夷国王每天能够额外生产 18 万磅面包，是其以前产量的一倍。

实际上，很多中国制造企业里的工业设备，像数控机床、发电机和叉车等，都面临相同的问题。由于窄带物联网的通信协议限制，不得不增设大量的网线和终端设备。企业需要投入几十万元到几百万元的资金，非常不划算。这也解释了大部分制造企业转型缓慢的原因。

所以，增大设备覆盖，兼容低端硬件设备，也是 5G 为物联网打上的又一块重要补丁。

5G 时代的新产业链规划

5G 对于物联网领域的协同引导作用同样不容忽视。相比其他的技术类影响，协同引领更具有指导性和方向性，它正在催生新的产业关系和方案整合需求。

车路协同就是一个很好的例子。车路协同是智慧交通的主要体现，它将通过 5G 技术，全方位地覆盖车辆与路面动态信息的实时交互，进一步保证交通安全和通行效率。

但是，想要实现车路协同的目标，就必须要求车厂、通信企业、交通基础设施、方案提供商和算法供应商等多方共同协商合作，为同一个目标而努力。

多方协同看似形式简单，但在产业链的实际搭建中，是一个非常具有挑战性的方案。传统产业链中，多由终端企业提需求，下游只需要提供与之匹配的零部件即可，不需要太复杂的协同合作。而在车路协同的物联网体系中，仅仅是智能信号灯一个硬件，就将面临数十种供应商的协同合作。

每个参与的供应商都需要根据上下端的能力情况，提出与之匹配的软硬件解决方案，同时还必须兼顾整个产品体系的完整运行，这在以往的产业链中是不可想象的。它更加考验供应商的综合实力，而不是只会单纯地生产硬件或软件。

不过，正因为这些难题，将会造就一批基于数据整合、方案整合、供应链整合的新型物联网企业。一边是新技术、新硬件，另一边则是具体的物联网产业实际需求，这样的中间件企业，在"5G+物联网"的产业链规划中是必不可少的。

看到这里，相信你对5G和物联网之间的关系有了更加深刻的理解。在C端需求逐渐萎缩之际，物联网及时为5G开拓了更具想象力的B端市场，创造了更为广阔的商业前景；而5G则为物联网的成熟运用提供了稳定的可靠性和实时性，甚至间接创造了许多产业链中间需求，进一步扩大了物联网的经济价值。

同样的例子，还会发生在许多新兴产业中，人工智能、云计算和智慧城市等领域，都有很大的"5G+潜力"。但与过往认知不同的是，"5G+"不会像以前一样，形成快速可复制的产业升级，反而是更有可能打开由一个个相对独立市场构成的碎片化产业机遇。

在这样的情况下，迎接5G时代的最好方式，就是踏踏实实投入技术研发，以企业的优势能力构建自己的护城河。中国已经成为5G率先商用的国家之一，5G将极大程度地提升我国经济和社会的发展，识别并赶上这辆红利快车，是我们每个人的历史机遇。

第三节　全球 5G 大战，谁是最大赢家

一直以来，关于 5G 的全球化竞争，从来就没有消停过。在中美贸易摩擦的大背景下，华为与高通的对决更是上升到了国际竞争的层面。

为什么 5G 网络能够一石激起千层浪，引发国际层面与企业层面的多维度交锋？如何才能掌握 5G 发展制高点？这又意味着什么？

全球 5G 大战本质上，还是要落脚到在技术与市场上的较量。

别被先发优势迷惑

大家一定记得这样一则新闻：2018 年 5 月，华为在 5G 编码的国际标准制定大会上，曾以一票之差败给了美国 5G 通信商高通。当时，联想作为投票代表之一，将赞成票投给了高通，在国内引起了轩然大波。

这件事的直接结果是，高通可以在 5G 时代，继续向使用其芯片的全球手机厂商收取专利授权费。这笔专利授权费并非买断，而是根据各个手机品牌的销量来决定的。标准为每台手机总价格的 2.3% 左右。换句话说，每卖出一台 5000 元的手机，高通就有 115 元进账。

在 3G 和 4G 时代，高通便是通过同样的方式，每年获得近百亿美金的专利授权收入。OPPO、vivo 和小米等我国知名手机品牌，每家每年向高通支付的专利费用就高达 300 亿人民币。

有趣的是，5G 时代，这样的情况一去不复返了。

在这次投票之后，高通并没有在"收过路费"的模式上高枕无忧，反倒成为众矢之的。由于巨额的专利费问题，苹果、LG 和富士康等多家企业把高通告上了法庭，声称高通违反了反垄断法，要求索赔至少 90 亿

美元。

为了摆脱高通，苹果收购了英特尔的部分芯片产业业务，准备生产自己的 5G 芯片。华为则直接放弃使用高通芯片，转而使用自己的麒麟系列芯片。

各国政府也对高通产生了不满。从 2018 年开始，中国、美国、韩国和欧洲等多个国家和地区，都对高通涉嫌垄断进行了重罚。高通的罪状包括：不公平专家授权费、歧视性定价，以及附加不合理交易条件等。

过去，我们一直强调先发优势，但在 5G 时代，先发优势效应已经不这么明显了。恰恰相反，先发优势让高通陷入了企业惰性，总想靠专利授权，躺着就把钱赚了，不去参与更多的产业发展，这基本上是越来越不现实了。

5G 博弈：拼技术，更拼基建

在失去编码的掌控权后，华为凭借在工程能力上的优势，把重心放在了芯片研发与基站建设等介质硬件上，反而收到了奇效。

实际上，编码属于顶层设计，而芯片和基站则是通信领域里重要的介质硬件。尤其是基站，这是华为的优势所在，价格低廉，安装也很简单。

举一个在英国发生的例子。2019 年 5 月 30 日，华为的 5G 服务在英国正式落地，BBC 利用 5G 通信进行了首次直播。直播中的 6 位记者，分别位于英国不同的城市。最终，使用华为 5G 技术的三个城市，获得了清晰流畅的画面，而其他城市的直播，都有不同程度的卡顿与断联。

两相对比，华为的 5G 设备大放异彩。不但安装超级简单，价格也只有竞争对手的一半。要知道，在很多欧洲国家，一个 5G 基站要花费 30 万欧元左右，专业人工安装费更是高达 1 万欧元。

为什么来自中国的华为，能够在 5G 的国际赛道上占得先机呢？

这其中很重要的原因是，中国拥有非常强大的工程能力，能够更快地建设 5G 网络。当别的国家的想法还停留在纸上时，我们已经完成了很多次试验。

4G 之前，中国一直是等到国际标准确定后，才开始相关的研究和建设，殊不知别人早就走在了前面。5G 时代，我们终于赶上了这趟列车，而且坐在了"头等舱"。

这背后也说明一个事实：想要决胜 5G，除了巨头企业的硬实力，更需要一个国家强大的综合国力来给予强有力的支撑。

5G 网络建设，是一个既花时间又花巨资的庞大工程。过去，建设通信网络是运营商的事情。而运营商的局限在于，必须要等这一代网络收回了成本，才会有动力去做下一代网络的投资与建设。这也直接造成了我们在 3G 和 4G 时代，总是慢一拍的结果。

不过，5G 网络一旦上升到国家战略层面，那就不一样了，就成了无论如何也要排除万难而去实现的目标。

从 5G 看国家博弈

对于一个国家而言，为什么 5G 网络如此重要？

这是因为无论谁先开发出 5G 网络，或者哪怕率先开发出 5G 网络的某一个组成部分，就有可能将他们的知识产权根植于国际标准中。这将为本国企业以及相关产业链带来巨大的产业优势，就像美国的高通公司那样。

更重要的是，5G 对经济发展的促进作用。我国工信部的 5G 报告显示：到 2030 年，5G 将会带动中国经济增加 6.3 万亿元人民币的产值，并创造 800 万个工作岗位。面对如此巨大的经济价值与社会价值，任何一个国家都会不遗余力地推动 5G 技术的研究与应用。

5G 的重要性远比 4G 更大，它不只是一项单一的通信技术，更是打通所有设备的底层变量。它带来的种种溢出效应，使得各国之间争相比拼，抢夺 5G 制高点。

美国对于 5G 非常看重。以往，美国政府对于经济体的监管，一贯坚持以市场为导向，政府不会太多参与技术更新换代的研发与应用。而这一次，美国对于 5G 表现出了极大的重视。美国总统特朗普更是宣称，美国必须赢得全球的 5G 竞赛。

对于 5G 的部署，美国国内存在两种观点：一种是激励企业增加投资，政府则不会投入太多；另一种是政府强制进行相关基础设施建设，然后再将相关资源向各个企业出租。最终，美国选择了第一种方案。

然而，由于地广人稀，美国的运营商们对于 5G 网络基站建设，并没有那么积极。上一次的 4G 基站投入还远远没有收回，强制推进 5G 完全唤不起企业的积极性。所以导致美国尽管在编码与芯片技术上领先，但很多成果因为基础建设问题，还停留在实验室里。

大家都知道，基站建设是通信网络建设过程中，花费最高且困难最大的。4G 时代，中国建设了 300 多万个基站，占全球基站数的 60%，远超其他所有国家的总和。与中国相比，美国的基站数量仅为 20 万个左右，数字整整差了 15 倍。而这种局面在 5G 时代也难以改变。

我们的邻国日本对于 5G 更为重视，将其视为解决国内社会经济发展的主要途径，试图抓住 5G 发展的机遇，激发国家经济能力，重塑国际地位。

2020 年是日本的"5G 元年"，政府希望借助东京奥运会，让全世界游客能够在东京体验成熟的 5G 通信，彰显自己的科技实力。为了实现这一目标，日本政府投入了上百亿日元，在企业、研究机构和政府间开展合作，推动 5G 在各个细分领域的应用。

近半个世纪以来，日本在移动通信领域占据着领先位置。与美国不同，日本更善于在应用层面实现领先。比如首封移动电子邮件、首部移动浏览器和首个带视频聊天功能的手机等，都是日本创新的成果。

同日本类似，韩国也是一个将经济复苏寄托于 5G 的国家。由于长期依赖于制造业，韩国在新一轮的全球竞争中成绩并不理想。尤其是在中国制造业崛起之后，韩国出现了好几波失业潮。

在这样的背景之下，韩国政府把 5G 看作摆脱制造业依赖的良方。早在 2013 年，韩国就成立了 5G 相关工作组，提出了对应的国家战略和长期发展规划，并承诺在之后的 7 年内，在研发、基础设施建设和标准化等领域投资 5000 亿韩元。

在 2018 年的平昌冬奥会上，韩国电信在平昌与江陵等区域搭建了完整的 5G 通信网络，成为全球首个大范围的 5G 通信网络。2019 年 4 月 3 日，韩国政府在得知美国电信运营商 Verizon 将推出 5G 服务后，连夜召集国内各大运营商开会，抢在了美国之前将 5G 面市。由此，韩国成功赢得了全球首个 5G 商用国家的美誉。

另一个紧盯 5G 的是欧盟。早在 2G 时代，爱立信、诺基亚和西门子等知名欧洲企业闪耀全球，而 3G 和 4G 时代却完全缺席，整体落后于美国和中国。5G 时代，欧盟不甘落后，通过欧洲各国协商，制订了一系列的战略扶持计划，欲重回全球头部队伍。

2012 年 9 月，德国、法国、匈牙利和波兰等 6 国组建了 5G 研究团队，并由欧盟投资 2700 万欧元进行研发。与美国 Verizon 同一天时间，瑞士电信商在 2019 年 4 月 4 日也推出了 5G 商用网络，并覆盖了超过 150 个城镇。

与此同时，关于工业 4.0、智能医疗、智慧城市和智慧农业等课题，也在欧盟国家内不断推进着。这些项目在欧盟内部以跨国境的方式运行，综合提升了欧盟各国的 5G 实力，也对整个欧盟的 5G 发展起着关键性的链接作用。

中国将引领 5G 时代

我国的 5G 发展较其他国家而言，更看重综合性和稳定性。从通信标准的制定、产品研发、网络设计，到产业链建设和应用推动，所有的板块都在有条不紊地持续着。3G 时代，我们是追赶者；4G 时代，我们是竞争者；而 5G 时代，我们有很大可能成为引领者。

中国移动、联通和电信三大运营商在全球 5G 标准的建设中发挥了重要作用，主导完成了 5G 的系统架构，并获得了全球近 70 个主要国家的支持。中国企业的 5G 关键标准化专利，目前以 34% 的占比，排在全球第一位。

国家层面上，政府制定了系统性的 5G 支持政策，它涵盖了多个维度,包括技术、实验和创新应用。在"十三五"规划中,我们推出了更为细化的重点任务,尤其是在5G关键技术和应用落地的研发上。

如今,我们正在从5G的基础建设转向智能制造、智慧城市和智能医疗等多个应用场景的建设。这些新技术和新应用,能够充分改善传统产业的生产模式,提高国家的整体生产效率,进而实现我们的高质量发展目标。

5G领域的国际竞赛,其意义已经超越了技术本身。它的深层次价值在于支撑新一轮的经济增长,并改变人们的生活方式,最大限度地释放国家的发展活力。这也恰好解释了为什么谁掌握了5G先发优势,也就具备了引领全球发展的主动权。

第四节　如何把握5G变革的新机会

5G时代究竟为我们带来了怎样的变革?

从宏观上看,是国家竞争力的弯道超车。而立足于微观,则是产业迭代式的升级与企业跨越式的进化。那么,我们应该如何深刻理解与把握5G带来的变革新机遇呢?

5G产业看技术,但不能止于技术。

在前面的小节里我们提到,5G产业发展是一个DNA双螺旋上升模型。这意味着,我们不要把5G简单地想成只是一个通信业务,而要把它看作各种前沿趋势的集大成者。

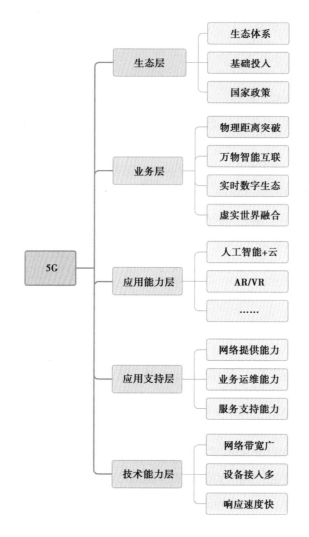

5G 产业的五个层次

实际上，5G 产业由五个层次组成，它是一个层次分明的倒三角结构。从下往上依次是技术能力层、应用支持层、应用能力层、业务层和生态层。

所谓技术能力层，就是指 5G 网络的传输速度与带宽直接带来的变化。比如高清视频与直播及上传下载速度等。这个部分，相信大家很容易看到，也很好理解。而更多的新机会与更广的涉及面，在技术能力层之上。

应用支持平台的迭代

应用支持平台是 5G 的主要机会。以游戏为例，VR 游戏注定会成为 5G 时代最受欢迎的游戏类型。因此，能够专门提供 VR 游戏的发售平台，便是未来一个很好的机会。

举个例子。美国的 Steam 平台是一个非常有名的游戏发行与销售的第三方平台，凭借销售游戏赚取佣金盈利。但对于 VR 游戏，他们还没有找到很好的办法。

想要继续在 5G 时代立于不败之地，Steam 必须两条腿走路：一方面是销售游戏，另一方面则是建设 VR 游戏的应用支持平台，支持 VR 游戏在平台上的运行。玩家不必再花高昂的价格，去购买一台专玩 VR 的主机，可以仅凭一个 VR 眼镜与平台相连，就能享受到 VR 游戏带来的快乐。

除了 Steam 这样的游戏平台之外，像优步的自动驾驶平台、谷歌的云计算平台，也是同类型的应用支持平台。未来，手握资源和用户的应用支持平台，必定会成为与 BAT 同样量级的头部公司。

虚实世界交互融合

5G 变革的第二个大机会，是在应用能力层与业务层。

在这两个层面上，最核心的趋势是虚实世界的融合。什么是虚实世界的融合？我们通过两个关键词来解读：一个是动态标注，另一个是模拟触感。

我们先谈谈动态标注。它是利用 VR 技术对现实生活中的事物进行动态化的实时标注。很多时候，人类对图像的理解要高出文字许多。这是因为大部分文字存在的时间，都只有不到一万年，我们对于文字的接受程度是非常有限的。这是人类进化历史造成的问题。

如何解决这个问题呢？这就要利用虚拟现实的标注技术。

以工厂流水线上的工人为例，当他们戴上增强现实眼镜后，能够直接从镜片上看到某个零件的所有信息，包括尺寸、大小、温度和加工注意事项等。这些实时动态标注出来的数据，能够有效避免因工人疏忽造成的零件损失，也可以更好地"因材施工"。

这样的技术，还可以应用在医疗领域。临床医生将无须再花时间去记忆患者的相关信息，只要将增强现实眼镜对准患者的身份手环，所有关于患者的医疗信息就会呈现在镜片上。当然，我们可以沿着这个脉络去思考，动态标注技术还可以应用在什么地方。

模拟触感也是非常重要的应用。什么叫模拟触感？

2019年5月，微软雷德蒙德研究院提出了一种新型触觉控制器，名为触摸刚性控制器。这种控制器不仅可以模拟触摸和抓取对象，还可以虚构一个反压力球，辅助用户处理虚拟反馈回力。当用户握住弹性物体时，手掌会挤压虚拟物体，即便用户手指不动，也可以利用视觉刺激与呈现的触觉结合，形成真实的体验。

这种模拟触感，被业内一致认为是虚拟现实的终极前沿技术，可以帮助用户在虚拟现实和增强现实环境中抓取任何物体。模拟触感技术最直接的应用场景，就是远程医疗，医生可以通过5G网络下的虚拟触控，精确地对患者实施远程手术，解决了偏远山区看病难的问题。

5G 生态蓬勃兴起

在最顶层的生态层，复杂生态业务的兴起，是5G变革的第三大机遇。

什么是复杂生态呢？像智慧交通、智慧城市与智能家居等应用领域，都是复杂的生态业务。说它复杂，是因为一家企业无法独吞所有的机会，必须大家共同协作完成。

这里，我们举一个智慧桥梁的案例。2018年，武汉启动了"智慧桥梁"计划，为三环线内42座中小桥梁"量身定做"长期健康监测系统。

技术人员为这些桥梁安装了1929个传感器，硬件设备部署达到3053套。它们主要监测的关键参数，包括结构安全参数（如裂缝、位移、温湿度等），车辆荷载（如车速、车重、车长等），沉降、匝道倾覆及滑移等多项监测。

这些传感器和采集设备，会实时将桥梁的结构状况、基础沉降、车辆监测抓拍等各种监测数据，通过互联网存储至云计算数据中心服务器中。因为数据众多，且事关公共安全，只有 5G 能够满足大桥的实时监测要求。

当某座桥梁结构监测指标或磨损发展超过预警值时，工作人员会在第一时间收到短信、邮件和 App 消息报警，从而迅速启动应急预案。

在这个应用场景中，涉及了多个部门的协同合作，包括建筑设计方、大桥施工方、路政部门和后台监测中心等。它非常考验各方的系统响应协同能力，也是 5G 在应用层面的终极目标。

我们大概可以梳理出 5G 落地的时间轴：应用支撑平台会是最先出现的 5G 机会，它出现的时间会与 5G 正式商用时间重合，大概在一两年。而虚拟现实、增强现实、人工智能和工业物联网等技术，会在应用支撑平台出现后的两年左右逐步实现。在这些新兴技术大范围落地后，复杂的生态层才有可能逐步实现。

网络中性化与数据霸权

值得一提的是，当我们在大步向前建设 5G 生态时，还需要注意两个问题，即如何保持网络的中性化，以及怎样避免数据霸权的出现。

说起网络中性化，大家可能会觉得陌生。它的意思是对不同的互联网内容提供者，通信商应该一视同仁，提供相同的网络带宽和响应速度。

我们不要小看网络中性化的问题，它对于一个国家的网络产业健康发展非常重要。对于一些网络大户来说，如腾讯、阿里和百度等企业，他们都是运营商的重要客户。为了保住这些"客户爸爸"，运营商很可能为其提供更为稳定和优质的网络服务。

反观一些小客户，因为购买能力不足，无法享受到运营商同等的对待。最直接的一个例子就是，同样为视频类网站，优酷、爱奇艺和腾讯视频要比其他视频网站访问速度更快，观看体验也更好。这样一来，中小企业与大企业之间的差距就会越来越大，最终影响到企业的发展。

尤其是在 5G 时代，通信的技术复杂程度上升了，凭借网络切片，正好是运营商靠差异化服务赚钱的好机会，怎么能放弃呢？所以，怎样在商业利益和发展公平间找到一个平衡，是所有行业参与者需要思考和商榷的。

另一个需要注意的就是数据霸权现象。拥有海量数据资源的大企业永远把持着行业的领先位置，而其他缺乏数据的企业，则不得不面临被收割和被压迫的局面。

2019 年的"双 11"购物节中，格兰仕就是这样一个受害者。由于不接受某电商平台的"二选一"规则，格兰仕品牌的相关产品遭到了部分下架处理。所谓的"二选一"就是品牌方必须与电商平台签订排他条款，参加了该平台的促销活动后，就不能再参与其他平台的促销活动，否则就会受到商品下架的对待。

"二选一"这样的条款是国家明令禁止的，为了不触犯法律，电商平台往往采用部分下架的方式进行威胁。即一部分用户可以看到这个商品，而另一部分用户则看不到，至于其中的比例如何分配，完全由电商平台来决定。

我们要明白，随着 5G 时代的来临，平台运用数据进行霸权欺凌的行为是有关部门难以界定监管的。这些问题轻则危害企业健康发展，重则直接影响一个国家的市场公平。从国内的情况来看，互联网巨头们都在逐渐成为这样的数据霸权企业，网上购物与聊天等服务都已经成为大部分老百姓生活的一部分。面对这样的"网上公共服务"领域，必须以更高的标准被国家和政府所监管。否则，数据霸权就会像是一颗定时炸弹，对国家经济造成威胁。

5G 之后的通信技术探索

最后，我们来畅想一下，在 5G 之后，通信技术还会快速迭代吗？

目前来看，我们正在研发和运用的 5G 技术，已经极大地透支了整个通信行业的综合资源。

从上游的通信运营商，到下游的应用服务商，大家都在用尽所有的资源去追逐 5G。所以，有专家断言：起码在未来 10 年之内，不会再出现全面应用的新一代通信技术了。

事实真的如此吗？

早年，如日中天的摩托罗拉曾经提出"铱星计划"，设想向太空发射77颗地球卫星，从而组建全球范围内的无死角无线通信系统。然而，随着摩托罗拉的光环渐渐退去，这个极具科幻色彩的计划便早早宣告破产。

后来，硅谷钢铁侠马斯克提出了新版"铱星计划"，由一万多颗小卫星环绕地球，让手机与卫星直接连接。这样一来，基站这种硬件设备就会永远消失。这个计划听起来很美好，但却忽略了一个问题：手机与卫星的距离，是手机与基站距离的100倍。即便不考虑云层的影响，卫星传到地面的信号，也只有初始信号的万分之一，这远远达不到通信的要求。

2013年，谷歌曾经做过一个"平流层通信"实验。他们把十几个热气球基站送到大气层的平流层，想通过这样的方式完成全球3G信号的覆盖。这个实验还一度被媒体评为"年度十大科技成就"之一。

然而，实际情况却是气球无法稳定飘浮，其建造成本也远高于基站。更令人失望的是，地面接收装置信号非常差，只能勉强打开网页。

谷歌的实验，从侧面验证了通信行业发展的一条定律：用更低的能量消耗，传递更多的信息。从1G到2G，再从3G到4G，乃至现在的5G，都逃不开这条定律，而这条定律也是验证一种通信技术是否可行的最直接的标准。

马斯克的"星链计划"是想利用近地轨道卫星实现一个全球无死角的通信系统。他计划在2027年之前共发射4.2万颗卫星，把地球的近地星空连接成为星座。该计划正如火如荼进行中，能否成功，我们拭目以待。

除了科研人员之外，对于我们大部分人来说，没有必要去担心5G会被更新的通信技术取代。毕竟，先考虑好如何把握5G时代，显然更有现实意义。

新一代计算：云里雾里看未来

第一节　腾云驾雾的计算机模式生态

大数据与人工智能，需要 5G 来实现信息的传输与交换，更需要计算能力来实现运行。新一代计算呈现出怎样的新模式与新趋势？又将带来怎样的变化？云计算这一已经广泛应用的技术，又发生了怎样的裂变与迭代？

云计算就是水、电、煤

我们先讲一个真实的故事。有一次，上海新华医院的一位高龄产妇在分娩时突然大出血，随时可能会引起心脏衰竭。此时如果没有得到充足的血液输入，母亲和孩子都将面临生命危险。

棘手的是，新华医院的血液库存里并没有与之匹配的血型。如果从社会上募集寻找，即使马上找到，安全检测至少也需要 2 天时间。面对这十万火急的险情，该如何是好？

实际上，过去很长一段时间以来，血液调度能力低一直是医院的痛点。上海新华医院是如何解决这个痛点的呢？原来，上海市各大医疗机构建立了一个名为血液云的云平台。在这个平台上，医生可以在上海市 9 个血库中在线快速完成血型的比对与匹配，不仅能找到合适的血液，更提高了血液调配的安全性和效率。到目前为止，已经有超过300 万例手术通过血液云完成了配血任务。

通过血液云平台的调度，1 万多毫升的血液及时输送给了这位处于危险中的母亲，经过 9 小时的抢救，最终母子俩都平安无事。

其实，血液云平台就是建立在云计算基础之上的应用场景，我们可以把云计算理解为一种模型，通过互联网把计算、网络、存储、服务器和应用软件集成于一个虚拟共享池，以按需的方式提供给有需要的人，云计算就像是昨天的水、电、煤一样。

云计算有哪些特点呢？

首先，云计算具备大规模和分布式的特点。谷歌、亚马逊、IBM、微软等云供应商，拥有上百万级的服务器规模，而依靠这些分布式的服务器所构建起来的云计算，能够为使用者提供强大的计算能力。

其次，云计算还会采用虚拟化技术，用户并不需要关注具体的硬件实体，只需要选择一家云计算供应商，购买和配置自己需要的云服务器、云存储、内容分发网络等服务，这比传统的在企业的数据中心部署一套应用要简单方便得多。

另外，高可用性和扩展性也是云计算的优点。云计算供应商一般都会采用数据多副本容错、计算节点同构可互换等措施来保障服务的高可靠性。如果应用终端和用户规模增长，云计算供应商还可以通过动态伸缩来扩大云计算的规模。

为了让用户使用更加经济实惠，云计算甚至可以按使用量来进行精确计费，这能极大地节省 IT 成本，而资源的整体利用率也将得到明显的改善。

最后，网络安全是所有政府、企业或个人创业者必须面对的问题，一般的 IT 团队或个人很难应对网络攻击，而云计算提供商有专业的安全团队，能有效降低网络安全风险。

云计算的这些优点，不仅引发了软硬件开发模式的创新，也承载了各类应用平台的关键基础设施，更满足了传统企业的数字化转型需求，"业务上云"因此成为一个热门话题。

目前，在云计算服务模型的分类上，分别有 IaaS、PaaS 和 SaaS 三种类型。IaaS 是基础设施服务，相当于清水房，比如数据库；PaaS 是平台服务，相当于装修房，比如数据库平台系统与云平台等；SaaS 是软件服务，相当于长租公寓、自家住宅或酒店房间等，比如各种各样的软件应用。

SaaS 软件即服务	• 基础服务（邮件应用、即时通信、资源管理、通知系统） • 公共服务（人事管理、OA系统、内部ERP、内部CRM） • 行业服务（公安行业、医疗卫生、社会保障、电子政务） • 可定制服务（通用查询、领域应用、衍生应用）
PaaS 平台即服务	• 公共组件（身份认证、工作流引擎、消息中间件、OLAP引擎、报表和数据挖掘引擎、事件驱动、规则引擎、协同工作、GIS地理数据引擎） • 应用中间件（WebLogic、WebSphere、Tomcat） • 数据库平台/文件/第三方应用系统
IaaS 基础设施即服务	• 基础服务（数据储存、计算服务、负载管理、备份） • 基础设施（虚拟化、主机、储存、网络设备、其他硬件）

云计算的三种服务类型

面对不同场景的需求，云计算还可以分为私有云、公有云和混合云三种部署模式。私有云是自己部署仅限给自己使用的云，就像自己用锅碗瓢盆做饭吃，还得自己洗碗刷锅；公有云是部署给大家使用的云，就像开餐厅招揽顾客上门吃饭；混合云处于两者之间，类似于请外面的厨师来自家烧菜做饭。

当然，云计算的分类，还包括针对不同行业特点，定制化创建不同行业的云，比如工业云、物流云、金融云等。云计算的应用已经广泛与成熟。但是，在智能化大爆炸的今天，严重依赖网络传输速度的云计算，遭遇了网络阻塞、高延时和低质量等一系列问题。

比云更贴近地面

如何弥补云计算在实际运用中的不足？以雾计算和边缘计算为代表的解决方案提供了答案。

"雾计算"概念最初由美国纽约哥伦比亚大学的斯特尔佛教授提出，意图是利用"雾"来阻挡黑客入侵。2011 年，担任过思科公司全球研发中心总裁的博诺米，正式提出了雾计算的技术框架，并将其发扬光大。

作为云计算中心和物联网传感器的中间层，雾计算由性能较弱且分散的功能计算机和网络组件构成，比如个人电脑、路由器、代理服务器和基站等，离数据产生的地方更近。就像弥漫四周的大雾一样，比云更贴近地面。

与云计算相比，雾计算可以很好地弥补云计算本地化计算不足的问题，其中有以下几个明显的优点。

第一，雾计算更轻压。雾计算能够过滤路径计算节点，在处理聚合类用户消息时（比如不停发送的传感器消息），雾计算可以只将必要消息发送给云，减小核心网络的压力。

第二，雾计算更低层。雾计算的节点在网络拓扑中位置更低，这些节点基本上由工业控制器、网关计算机、交换机和输入输出设备构成，拥有更短的网络延迟，反应性更强。

第三，雾计算更可靠。雾计算的节点拥有广泛的地域分布，为了服务不同区域的用户，相同的服务会被部署在各个区域的雾节点上，使得高可靠性成为雾计算的内在属性，一旦某一区域的服务异常，用户请求可以快速转向其他临近区域，获取相关的服务。此外，由于使用雾计算后，相较云计算减少了发送到云端和从云端发送的数据量，安全风险得到进一步降低。

第四，雾计算更灵便。雾计算支持很高的移动性，手机和其他移动设备可以互相之间直接通信，信号不必传送到云端和基站。

第五，雾计算更节能。由于雾计算的节点地理位置分散，不会集中产生大量热量，因此不需要额外的冷却系统，从而减少耗电问题。雾计算不是云计算的替代品，而是对云计算问题的修补。

Windows 10 的重启管理器就是雾计算的典型案例之一。在自动下载更新后，Windows 10 系统可以自主学习用户使用模式，进而计算出最合适的重启系统和安装更新的时间。

智能变频空调同样应用了雾计算原理。在我们开启空调后，系统会收集房间的温度等相关信息，自动调整空调的频率，同时学习用户的使用模式，并计算出最合适的开关机时间，使空调在实用效果和能源功耗等方面达到动态平衡。

没有网络束缚的边缘计算

在解决网络延迟问题上，边缘计算比雾计算更近了一步，它甚至不需要网络，部署在没有联网的终端硬件上，就可以提供计算能力。

早在 20 世纪 90 年代，美国阿卡迈公司就提出了内容传送网络，直接在用户的终端设备上设立传输节点，进行数据储存与处理，由此成为边缘计算的雏形。

关于边缘计算，华为曾经提出了一个"章鱼理论"。章鱼是天生的"边缘计算能力者"，作为无脊椎动物中智商最高的一种动物，章鱼拥有巨量的神经元。其中 60% 的神经元分布在八条腿上，40% 的神经元集中在脑袋里，因此章鱼让数据的处理从中心下放到腿上，可以用腿来思考并就地解决问题，这些腿也就是网络的边缘节点。

在现实生活中，边缘计算可以发挥巨大的作用。比如，很多夜间营业的商店或餐厅都需要用到招牌灯箱，但工作人员经常会因为疏忽大意忘记关掉电源，造成大量电力浪费。创立于上海的物联网公司米尺网络，就曾用边缘计算技术对一家 24 小时快餐连锁机构进行过招牌灯箱改造。

他们根据经纬度计算出每一家快餐店的地理位置，然后接入气象部门的天气数据，以及当地日出日落的时间，最后在招牌灯箱上加装光感传感器和芯片。最终，所有开关操作都无须通过云端，而是依靠招牌灯箱这些不联网的边缘端，通过自主计算达到智慧决策，减少电力浪费。

智慧交通信号灯，是边缘计算应用的另一个例子。交通信号灯遍布城市的各个角落。过去，红黄绿信号灯的时长都是根据该路口的历史流量统计分析而设置的，往往不能因地制宜，根据实时流量情况进行灵活调整，从而造成交通拥堵。

通过在交通信号灯上部署边缘计算的摄像头与芯片，不仅能够根据该路口实时的流量情况，智能化地减少或增加某类信号灯的时长，实现交通效率最大化，还能从总体上过滤掉不需要的信息，减少网络传输的数据总量，有助于降低操作和存储的成本。

复杂且大量的计算交给云，简单而少量的计算交给雾与边缘，我们已经看到了一个完整的新一代计算的生态模型。然而，有时单一的计算方式无法满足需求各异的应用场景，计算模式走向混合型已经成为一种趋势。

与早前单个计算方法不同，混合计算将各类计算方法进行排列组合，构建出某领域专用的高效应用组件，从而更好地满足无线互联、视频处理、图像识别和智能制造等领域的高效处理需求。

百度 2016 年就开始推进"百度大脑项目"，试图在一个计算体系内实现多种算力的混合，达到"边云协同"的效应。随后，百度在无人驾驶领域实践了混合计算，用雾计算和边缘计算传感器收集汽车数据，将数据发至云端，利用云计算确定行动计划，并通过云端向汽车发布控制命令。

不过，混合计算作为新兴概念，目前尚未有能够市场化的成熟技术。从其概念中可以看出，面临的挑战之一就是联通性，随着连接设备数量的剧增，网络管理、灵活扩展和可靠性保障等方面都面临着巨大挑战。

以工业互联网为例，其存在大量的异构总线和多种制式的网络，它们在兼容多种连接的同时，还需要确保连接的实时性和可靠性。在此基础上，要实现数据协同，则需要跨厂商、跨平台的集成与操作，这种敏感的数据壁垒难以跨越，在短期内显然无法实现协同。

无论是云计算、雾计算、边缘计算，还是它们的混合型，目的只有一个：更好地服务于我们的智能新生活。

第二节　为什么芯片制造这么难

新一代的计算模式生态，离不开计算能力的提升，更离不开计算载体的迭代。芯片作为计算机的心脏，是计算革命不可或缺的参与者。

作为一种集成电路板，芯片的出现给人类生活带来了质的飞跃，它在工业控制、数控采集、智能化仪表、办公自动化等诸多领域，得到了极为广泛的应用。毫不夸张地说，芯片的开发和应用水平，已经成为一个国家工业发展的标志之一。

稍不留神就掉队的芯片赛道

我们知道，从 2018 年开始，美国就对中兴和华为相继实施制裁，其中的关键就是芯片。中国每年要花费 3000 多亿美元进口芯片，芯片已经超过石油成为中国第一大进口产品。既然芯片那么重要，为什么还没有实现国产化呢？

原因很简单，芯片这个领域不仅投入大、周期长、风险高，而且市场竞争还很激烈。

特别是在芯片产业的前期，离不开大量的研发费用。这可不是一笔小钱。据估算，建造一个芯片制造厂，需要花费 150 亿美元，等同于一个美国尼米兹级核动力航空母舰编队的造价，而这还只是芯片厂的前期投资。

小米科技董事长雷军也说过，芯片是这个星球上集成度最高的半导体元器件。从芯片的技术原理来看，首先你需要把沙子液化成高纯度的硅，接着将硅棒切成片状的晶圆，再在晶圆上涂一层感光材料，接着用光刻机按照设计图刻出图案，然后如此反复，把导线和器件一层层装进去。

设计、制造和封测是芯片产品的三驾马车。设计相当于作家写书，制造相当于印刷，而封测则相当于装订。其中芯片的设计异常重要，一个路口红绿灯设置不合理，就可能导致大面积堵车，电子在芯片上同样如此。

作为核心技术，芯片设计被欧美企业死死把持，其中以高通、博通和 AMD 为代表。高通在芯片界可谓大名鼎鼎，世界上一半手机装的是高通芯片；博通是苹果手机的芯片供应商，手机芯片排第二毫无悬念；而 AMD 和英特尔，也基本把电脑芯片包场了。

中国企业更多停留在封测和芯片制造，特别是以日月光与台积电为代表，市场份额最高。早在 2017 年，台积电包下了全世界晶圆代工业务的 56%，规模和技术均列全球第一，市值甚至超过了英特尔，成为全球第一的半导体企业。

另外，芯片的良品率取决于晶圆厂整体水平，但加工精度又取决于核心设备，这个核心设备就是光刻机。在这个领域，来自荷兰的阿斯麦公司可谓横扫天下，几乎占据着行业垄断位置，其中高端光刻机市场份额超过 90%。

阿斯麦在 2019 年只生产了 26 台 EUV 高端光刻机，由于具备生产 7 纳米制程的芯片工艺，被誉为"超精密制造技术皇冠上的明珠"，尽管每台机器售价超过 1 亿美金，却依然受到台积电、三星和英特尔等公司的哄抢。

在晶圆上注入硼磷等元素，需要用到离子注入机，目前这一领域 70% 的市场份额由美国应用材料公司把持。此外，涂感光材料得用到涂胶显影机，来自日本的东京电子公司拿走了 90% 的市场份额。即便是光刻胶这些辅助材料，也几乎被日本信越与美国陶氏等公司垄断。不过，重要性仅次于光刻机的刻蚀机，中国的状况要好很多，16 纳米刻蚀机已经实现国产运行。

除了技术难度之外，制约芯片发展的还有一个摩尔定律。英特尔的创始人之一戈登·摩尔有个著名的预测：当价格不变时，集成电路上可容纳的元器件的数目，每隔 18~24 个月便会增加一倍，性能也将提升 40%。

摩尔定律不断得到验证，导致了另一个结果，那就是芯片行业天然会随着技术进步发生自我贬值。什么意思呢？依照摩尔定律的说法，每过两年企业创造的价值就会减半，比如 iPhone 11 出来后你手中的 iPhone X 就会贬值。

因此，芯片的迭代速度很快，行业追赶者只要一个节拍没追上，就会被杀死在半路中，上百亿美元的投资说打水漂就打水漂，这样的市场竞争不是每个玩家都能玩得起的。从倪光南的"方舟一号"，到邓中翰的"星光一号"，再到展讯的第一枚手机芯片，在全国产业竞争快速迭代的赛道上，中国选手没有跑赢摩尔定律，最终先后被市场拉下马来。

早在 20 世纪 60 年代，高通创始人艾文·雅各布斯就提前布局

CDMA 的研发,这才成就了高通几十年后的智能手机芯片霸主地位。芯片行业没有捷径,国产芯片产业贫血是综合性发育不良的结果,这需要我们几十年甚至几代人的不懈投入。

与人工智能赛跑

欧美芯片产业发展已经迈向新的高度,呈现出"精细化跨越"的发展趋势。

什么是"精"? 就是越来越智能。

多年前,谷歌大脑为了学会识别猫脸,使用了 1.6 万个 CPU 核单元,跑了一个星期,机器才学会识别。可见,传统 CPU 芯片在进行人工智能处理时,速度实在太慢了。直到后来以 GPU 为核心的人工智能芯片问世,才解决了这个问题。

一般来说,人工智能芯片被称为人工智能加速器或计算卡,也就是人工智能应用中的大量计算任务的模块,目前主要有 GPU、FPGA 和 ASIC 三种技术路线。其中 GPU 在人工智能训练方面已经发展到较为成熟的阶段,谷歌、微软和百度等公司都在使用 GPU 分析图片、视频和音频文件,以实现深度学习等功能。

也许很多人会纳闷,作为显示芯片的 GPU,怎么应用于人工智能呢?

其实这个道理很简单,擅长处理图形数据的 GPU,拥有大体量的逻辑运算单元,对于密集型数据可以进行并行处理。人工智能的神经网络架构有个特征,刚算出来的数据往往会再投入计算,这种计算不需要太多数据缓存单元,也不需要复杂的逻辑控制,只要计算单元够多就行。相比注重逻辑判断的 CPU,GPU 芯片显然更加适用于人工智能计算。

提及人工智能芯片,就不得不提占据市场份额 70% 的美国英伟达公司。英伟达之所以如此成功,是因为在人工智能兴起之初,该公司就与斯坦福大学教授吴恩达合作,开发了一种使用大规模 GPU 计算系统训练网络的方法。与此同时,英伟达还与谷歌的人工智能团队一起,建造了当时最大的人工神经网络。之后,各个深度学习团队开始广泛大批量使用英伟达的 GPU 芯片。如今,全球一半以上的人工智能创业公司,都是在英伟达的平台上构建的。

在这一新兴赛道上，中国企业同样不甘示弱。

2016 年，中国公司寒武纪通过将硬件神经元虚拟化、打造智能的指令集，以及对高能耗算法的稀疏化处理，推出了世界首款商用深度学习处理器。现在，全球每年有数千万的手机和摄像头，以及联想、曙光和阿里巴巴的服务器，都在使用寒武纪的深度学习芯片。

芯片的物理极限

"精"是智能化，那么什么又是"细"呢？

这里我们不得不提到纳米制程。在数学上，1 纳米等于0.000000001 米，而人体的指甲厚度约为 0.0001 米，如果我们把指甲的侧面切成 10 万条线，那么每条线就约等于 1 纳米，可以想象 1 纳米是何等微小。

以 14 纳米为例，其制程是指在芯片中，线最小可以做到 14 纳米的尺寸。我们之所以追求缩小制程，首要目的就是可以在更小的芯片中塞入更多的电晶体，让芯片不会因技术提升而变得更大；其次，缩小制程可以减少体积也可以降低耗电量，提高处理器的运算效率。

今天的芯片量产工艺，已经能微缩到纳米级大小。这究竟有多小呢？我们人类的红细胞直径为 8000 纳米，这样一个红细胞的表面上能放下 400 多万个 7 纳米芯片，包含 4000 兆个晶体管，集成了大量的信息。

芯片微缩，让人体植入芯片从科幻走进了现实。在瑞典，就有超过 4000 人在体内植入了芯片，这些体内芯片可以作为门禁卡和支付工具使用，甚至能将色彩信号转化为声音信号。

患有色盲症的钢琴师尼尔·哈维森，为了提升自己对颜色的感知，在后脑里植入了色彩传感器和芯片。色彩频率信号通过传感器从骨传导进入芯片，最终形成不同频率的刺激反应，让尼尔·哈维森从色彩感知中获得更多的艺术创作灵感。

值得注意的是，芯片的制程并不能无限制地缩小。当我们将电晶体缩小到 20 纳米左右时，就会遇到量子物理中难以稳定的问题——电晶体漏电现象，从而抵销了芯片缩小时获得的效益。

　　另外，作为芯片理论基础的能带理论，只是一个近似理论，电子的行为仍然没法精确计算，这为芯片的未来发展埋下了巨大隐患。所以，人类还在寻找其他更前沿的替代方案。

　　功耗问题是芯片发展的另一个麻烦。目前市面上普通的芯片，其功率密度每平方厘米达到了几十瓦，因此在芯片上往往要背一个风力散热器；当芯片功率密度达到每平方厘米 100 瓦以上时，就要把风换成水了，一台超级计算机往往会把凉水烧温。这种热效应非常厉害，如果不加以控制，所有芯片的温度加起来可以达到核反应堆的温度。

　　芯片是人类最伟大的发明之一。现在一个普通家庭的生活设备中，仅仅是集成电路芯片就多达 300 块，给我们的生活带来了巨大的变化。

第三节　霸权争夺战：你不知道的量子计算

　　我们知道，无论是云计算、雾计算、边缘计算还是芯片，都属于经典计算机的范畴，始终无法突破摩尔定律的物理限制。而在人工智能爆发的需求之下，能否找到新的算力之源解决这个问题呢？

　　首先，我们从目前最有影响力的加密算法 RSA 讲起。1977 年，数学家罗纳德·李维斯特、阿迪·萨莫尔和伦纳德·阿德曼设计了一种算法，可以实现非对称加密，因此安全性更高，在公开密钥加密和电子商业中应用广泛。

　　取用他们三个人姓名的首字母，这种算法被称为 RSA 算法。目前，RSA 采用了密码级别最高的 1024 位二进制密码，即使用当前最强大的经典计算机进行破解，也需要 300 多万年，但使用同样大小的量子计算机，仅仅几天时间就能轻松破解。

我们不禁要问，什么是量子计算？它为何如此厉害？

并行中的量子世界

在经典计算机中，信息处理只能在 0 或 1 中取一个值。想要获得问题的最优解，需要把所有的可能性都计算一遍，十分耗时。而量子计算机完全颠覆了经典计算的规则，打破了摩尔定律的物理限制。

科学家们发现，在微观世界中物质的存在方式和运动规律，与人们所熟悉的经典世界完全不同，其中最奇特也最令人无法理解的，就是微观粒子的量子态，即一个微观粒子可以同时存在于多个不同的位置，同时具有"0"和"1"两种状态。这种量子叠加的特性，可以实现量子计算的并行计算能力。

如何理解呢？我们可以做这样的联想：普通电子计算机要完成海量级的计算，相当于不断增加人数，而量子计算如同一尊千手千眼的观音，一个人就能做完所有人的事。因此，量子计算可以满足当前指数级增长的算力需求，探索机器学习所能达到的物理极限。

量子计算的价值显而易见。那么，它离我们的现实生活有多远呢？

在量子计算中，量子比特是量子信息的基本单位。从 20 世纪 90 年代开始，一场关于建造功能最强大、量子比特最多的量子计算机竞赛就已经拉开了序幕。1998 年，牛津大学发布了量子计算机的首次演示。到了2000 年，慕尼黑工业大学的研究人员制造出了拥有 5 个量子比特的计算机。同年，计算机寄存器中的量子比特数量，在美国洛斯阿拉莫斯国家实验室又增加到了 7 个。

和经典计算机不同，量子比特并非天然存在，因此增加稳定的量子比特十分困难。除了粒子阱之外，人们还尝试了基于量子比特的偏振化光子、超导体、半导体以及拓扑量子来作为量子比特，不断地寻找最稳定的量子比特载体。

直到 2019 年 10 月，谷歌的一篇论文发表在《自然》杂志 150 周年纪念特刊上。该文章表示，谷歌的量子计算机西卡莫，基于 53 位量子比特的超导处理器，可以在 200 秒之内，完成世界上最快的超级计算机一万年才能完成的计算。这标志着谷歌实现了量子霸权。

量子霸权是什么意思呢？

量子霸权就是量子优越性的意思，指在某一个问题上，量子计算可以解决传统计算机不能解决的问题，或者是巨大的跨越式加速。

然而，谷歌花费13年才实现的量子霸权，却受到了许多人的质疑。以太坊创始人维塔利克就公开表示，谷歌只是证明了量子计算可以实现，就如同可控的核聚变一样，这只是实验室阶段，离大规模商用还很远。

的确，量子计算在短时间内取代不了经典计算，但是在一些关键阶段，量子计算却可以发挥出奇兵效应。

什么是奇兵效应呢？

例如，物流公司在选择配送路线时，可以发挥出两种计算各自的优势。从理论上来说，量子计算可以扮演加强传统算法的子程序，可以快速锁定所有的路线，而传统计算机则从中选择最优路线，实现物流的高效配送。

因此，在一般计算领域使用经典计算，在较难领域使用量子计算，这样既可以提高效率又让总体成本不变。量子计算无疑起到了特种部队的作用，它的商业化也并非空中楼阁。

科幻与现实

自从1981年美国物理学家费曼提出量子计算的概念以来，量子计算就从不缺乏信仰者。

2016年欧盟发布《量子宣言》，计划斥资10亿欧元布局量子工业。2018年美国众议院通过《国家量子倡议法案》，全力推动量子科学发展，我国自然也不甘落后，在"十三五"国家科技创新规划中，量子计算被列为战略新兴产业之一。一场量子霸权的争夺战，已经在全球范围内开启。

如今，量子计算应用最深入、最具现实意义的领域，毫无疑问是通信网络。在通信时最大的需求就是保密，如同谍战片里的密码本一样，无论你是无线电还是有线通信，甚至是光纤，都可能被黑客截获窃听。

目前的加密通信类似于压缩包（字典）和密码（字典第几页第几个

字）的形式。如果这个压缩包被截取并被暴力破解，甚至被复制并按原样发到接收方去，信息就神不知鬼不觉地被窃取了。

根据量子的叠加特性，让量子通信具有了压缩包不可复制且仅能打开一次，一旦打开错误的压缩包信息就会受损的优势。一旦窃听，接收者就无法收到正常的压缩包，而量子状态的加密信息也无法被暴力破解。

正是基于上述原理，量子通信可以最大限度地保证用户的隐私和信息安全，也正因为如此，量子通信在国家信息安全层面有着迫切的现实需求。

比如 1993 年，英国率先在 10 公里的光纤中实现了量子密钥分发。1999 年，日本和瑞典合作完成了 40 公里光纤的量子密码通信。而中国，同样在 2000 年完成了 1.1 公里的量子密码通信实验，随后建立了"京沪干线"这个世界上第一条量子通信网络线路，可以实现北京到上海的信息加密，并且在物理层面不可窃听。

量子通信的终极形态是量子传输。在电影《星际迷航》里，科克船长和他的手下走进一个房间，一束光打下来，他们就出现在了另外一个地方。这个过程就是典型的量子传输，利用了电子的另一个特性——量子纠缠。

量子纠缠是一种只发生于微观世界的现象。当甲、乙两个粒子彼此相互作用后，它们所拥有的特性纠缠成为一个整体。比如，我们把甲粒子放在地球，把乙粒子放在月球，当移动甲粒子的时候，乙粒子也会相应移动，它们之间存在某种未知的联系，这种联系甚至超过了光速。我们利用量子纠缠，可以无损地从一个地点传到另一个地点，实现幽灵般的超距离"瞬间移动"，不过目前这还仅存在于理论当中。

除了通信领域之外，量子计算还在量子退火、量子模拟和通用量子计算三个方面实现了应用。

量子退火就是利用量子计算，在许多可能的变量组合中找到最有效的配置。比如在航天领域，美国公司 D-Wave 是世界上第一家商业化的量子计算公司。早在 2013 年，NASA 就寻求与它的深度合作，因为传统计算机无法应付复杂而庞大的星际轨道数据，这些数据往往不准确，而量子退火正好解决了这个问题。

量子模拟致力于探索量子物理学中超出经典系统能力的特定问题。在生物制药领域，一款药品面市通常需要漫长的试验，而且这些试验的失败率极高，特别是在基因层级的海量数据分析。如果采用量子计算，就可以模拟物质在分子状态的行为，节省大量的时间和成本，进而降低抗癌药物等高价药的价格，帮助到普通病患。

通用量子计算机因为算力的强大和应用的普适性，可以解决绝大多数大型复杂的问题，这包括求解上述量子退火和量子模拟。通用量子计算机就像人工智能领域中的通用人工智能，目前仍处于科学假设阶段，以及出现于科幻作品中。

不过，量子计算能够实现高维推动，促进人工智能和机器学习的大幅进步。

机器学习是在一个高维空间对数据进行操控和分类。假如通过量子计算，能利用另一种维度的空间来操控这些高维空间，打破机器学习在数据量和空间维度的制约，比如集成量子线路的量子芯片便是在这种基础上诞生的。

苛刻的环境条件

尽管量子计算是未来的方向，但目前仍有许多问题亟待解决。

首要的就是"退相干"现象，即量子比特与环境之间的相互作用，会导致量子行为衰减甚至最终消失。由于量子系统本身极度脆弱，在实验室中，一些微小的干扰都会给系统带来破坏，使得量子芯片只能在真空中封装，避免接触空气中的气体分子、灰尘和声音等，这是对技术和后期维护的巨大考验。

虽然量子算法可以纠正一部分错误，但是可能需要数千个标准量子比特才能创建一个高度可靠的"逻辑"量子比特。到目前为止，研究人员还无法构造超过128个标准量子比特的计算机。

此外，量子芯片的运行温度在$-270℃$，再加上目前的量子计算机需要大量传统设备支持，不断反复部署测试，因此费用高昂。这让实现量子计算规模化应用成为一座难以跨越的大山。

无论如何，作为一种更高维度的计算技术，量子计算对经典计算机的降维打击已不可避免。这就好比 2000 年前，古代中国人发明了珠算替代了结绳记事。1642 年，法国数学家帕斯卡采用与钟表类似的齿轮传动装置，制成了最早的十进制加法器，替代了珠算这种人工算数方式。1946年，美国宾夕法尼亚大学莫尔学院制成的第一代电子计算机，使用电子管取代了十进制的机械加法器。

今天，数据正在成为社会的基础资源，强大的运算能力需求让量子计算机替代经典计算机成为可能，而人类的科技进化也会因为量子计算产生一个质的飞跃。

第四节　光计算、DNA 存储及原子制造

大数据与人工智能的大爆发，促使人类必须找到更多的新兴算力之源，其中以光计算、DNA 储存和原子制造为代表的创新技术，很可能成为人类未来的智能新大陆。

计算之光

在讲光计算之前，我们先来看一个案例。

2011 年，日本东北太平洋海域发生 9 级地震，导致日本的网络与外部失联。地震为什么会导致网络失联呢？原来，强烈的地震冲击波损坏了几条途经日本海域的海底光缆。

海底光缆非常接近光计算的原理。通过光纤作为光子导体，只需在每 100 公里的海底设置光学放大器和透镜，就能进行信息的采集、传输、

存储和处理。

对于光来说，传输就是计算，因此光计算可以按工作原理分为模拟式和数字式。模拟式是利用光学图像的二维性直接进行运算，就像海底光缆一样，光通过透镜发生折射，你观察到的物体也发生了变形，这其实就是一个简单的计算过程。

而数字式则完全采用电子计算机的技术结构，只是用光子逻辑元件取代了电子逻辑元件，最近几年提出的光子芯片，就是数字式光计算的最新研究成果。

我们知道，目前电脑和手机的芯片依靠电力来操作，如果用光来代替铜线或碳纳米管中的电脉冲，芯片的处理速度将会实现质的飞跃。但是，想要实现这种数字式光计算并非易事，因为光子既没有质量也没有电荷，不能像电子一样通过施加电场就能进行控制。为了实现光学计算，光子需要有像电子一样简单的控制机制。

2015 年，哈佛大学埃里克马祖尔实验室通过将硅柱嵌入聚合物基质中，并在外面包覆金膜，设计出了一种具备零折射率的片上材料。在这种具有零折射率的材料当中，光不再以波的形式前进，也没有相位提前，光线可以以无限长的波长运行而不会失去能量。

2017 年 6 月，来自麻省理工学院的一个研究团队在《自然光子》杂志上发表了一篇关于光子芯片的论文，开创性地提出了用光子来替代电子的芯片架构。这篇论文的第一作者，是当时年仅 28 岁的华人科学家沈亦晨。2019 年，他创立的 Lightelligence 公司成功开发出世界上第一款光子芯片原型板卡，并与谷歌和亚马逊达成合作，进行实用测试。

Lightelligence 公司利用这款光子芯片原型板卡，在谷歌 Tensorflow 这个世界上最受欢迎的开源机器学习框架上，对 70000 张手写数字的灰度图片实现计算机视觉数据集的处理。这是一个使用计算机视觉识别手写数字的基准机器学习模型，也是机器学习中最著名的基准数据集之一。测试中，整个模型超过 95% 的运算是在光子芯片上完成的。测试结果显示，光子芯片处理的准确率已经接近电子芯片，所用的时间却不到电子芯片的 1%。

完成这项壮举的光子芯片究竟遵循怎样一种原理呢？

其实，光子芯片相当于在半导体材料上安装了无数个光学开关器，利用不同波长、相位和强度的光线组合，在反射镜、棱镜与滤波器结构所组成的数组中进行信息处理。简单来说，就是利用光子的物理优越性进行计算，从而实现计算的优越性。

那么，光子与光子芯片具有哪些优越性呢？

第一，光子不受电磁场影响，传播速度为光速，使得光子芯片的计算速度达到电子芯片的 100 倍；第二，光子传输和转换所需要的能量极小，光子芯片功耗仅为电子芯片的百分之一；第三，光子传输过程稳定，不同形态的光相遇不会互相干扰，并行能力强，避免了计算时出现拥堵现象。

这里，我们举个例子。在使用人脸识别时，我们常常遇到卡顿的现象。这是因为在电子芯片的架构下，我们需要把图像信号转换为数字信号，再转换为电压信号，最后通过芯片进行线性运算。而电子芯片的线性运算，又需要电子进行复杂的矩阵运算，这常常会造成电子拥堵。

但是，光子芯片就不一样，其拥有强大的光子并行能力，通过光的平行传播性，可以保证成千上万条光同时穿越一块光子元件且不会互相干扰，避免计算机在运算上的"堵车"。

由此可见，光计算与人工智能的算法高度匹配，如果广泛用于人脸识别、安防监控、自动驾驶、无人机与工业物联网等人工智能领域，完全可以提供比现在的电子芯片更敏捷、更流畅且更节约的用户体验。

从本质上讲，光子计算与量子计算一样，提供了一种不同于电子计算的全新计算架构。它不仅可以打破摩尔定律的物理限制，又比量子计算的"叠加"和"纠缠"状态更加稳定。更重要的是，它意味着一条不受过往规则限制的全新赛道。

几乎与远在大洋彼岸的沈亦晨同步，2017 年北京交通大学博士生白冰组建了一个光子芯片的研究团队，经过两年时间的设计、加工、封装和测试，推出了全流程自主研发的光子芯片并开始尝试产业化。

白冰团队研制的光子芯片，采用 130 纳米微电子工艺，对工艺制程水准的容忍度很高。对比目前较为先进的 7 纳米电子芯片，它同样可以达到 100 倍的运算速度与百分之一的功耗。这就意味着一个摆脱对于国外高制程光刻机的严重依赖，在芯片领域换道超车的发展机会。

刻在时间上的 DNA

光子计算带来了算力的提升。但计算与储存如同好马配好鞍，两者相辅相成。计算速度与储存速度不匹配，就会遇到著名的冯·诺依曼瓶颈。那么，在数据爆炸的时代，储存技术又有哪些想象空间呢？

大家是否幻想过一个问题：假设人类文明被一场灾难摧毁，我们的知识和历史还能保留吗？纸张会腐烂，硬盘会降解，甚至连石头也会风化。但是，有一种物质可以无视这些物理过程，那就是 DNA。

我们知道，组成 DNA 的基本单元是脱氧核苷，每个脱氧核苷都带有一个碱基，而碱基共有四种类型，分别是腺嘌呤、鸟嘌呤、胸腺嘧啶和胞嘧啶。如果用 0、1、2、3 各代表一个碱基，就可以组成一个四进制的存储方式。人类基因组包含大约相当于 750MB 的信息，这么多信息就储存在一条比细胞还小得多的 DNA 上，并且事无巨细地告诉我们的身体：鼻子该长在哪里，眼睛该长成什么颜色，某个蛋白又该怎么合成。

不可思议的是，在大多数生物体的 DNA 中，竟然多数段落都是乱码。拿我们人类的 DNA 来看，有用的基因组只有 22000 个，总长度仅占 DNA 的 3%，其余 97% 的区域都被"垃圾基因"占据。这些垃圾基因其实是曾经与生命活动有关但后来失效的基因，因此无论对这些基因怎样改动，都不会对生命活动造成影响。

于是科学家想，既然 DNA 上的乱码区可以随意填写，那何不填写上我们需要保存的信息呢？

2000 年，美国生物学家把一段信息"刻"进了细菌的体内，这段信息就是爱因斯坦著名的质能方程" $E = mc^2$ "。2003 年，又有人把迪士尼动画片中的一段曲子"刻"进了细菌体内。到了 2010 年，当首个人造细胞诞生时，领导该项工作的美国基因学家卡耐基·文特尔又把所有参与该项目的科学家的名字"刻"进了人造细胞的 DNA 上。

DNA 不仅可以储存信息，而且信息衰减和损耗几乎为零。2019 年，据《连线》杂志报道，科学家通过一种含有 DNA 数据的材料，用 3D 打印的方式制造出一只塑料兔子。神奇的是，即使切下这只塑料兔子的尾巴，也可以在尾巴的 DNA 信息中制造出一只一模一样的塑料兔子。

这正是因为 DNA 存储可以提供大量的信息密度和超常的半衰期。

如今全球每年产生的数据需要 4180 亿个 1TB 的硬盘才能放下，而把这些数据储存在 DNA 上，仅仅需要 1 千克 DNA 物质。不仅如此，依靠生物碱基不同的排列方式，这些信息还可以在 −18℃ 的环境储存 100 万年之久。

虽然 DNA 存储可以应对数据爆炸，但离真正商用还非常遥远。特别是数据的读写速度还非常慢，比如仅仅 5MB 的数据，读写就需要花费 4 天时间。同时，DNA 存储费用比较昂贵。但是，随着生物技术的发展，DNA 存储费用已经呈现大幅下降趋势，就拿基因测序的费用来说，2012 年的费用仅是 2001 年的百万分之一。

新的摩尔大陆

光计算和 DNA 存储带给我们无尽的想象，而在信息集成方面，开辟新的摩尔大陆已经成为一种新趋势。

在芯片那节中，我们讲到近几年摩尔定律正在面临严峻的挑战。因为基于硅元素的计算机芯片已经缩小到纳米级大小，正在快速接近其物理极限，所以研究人员正在试图寻找新的替代品。

我们换一种思路，能否在原子层面直接进行制造呢？

多年来，科学家们一直在原子制造方面寻找答案。2006 年，来自加拿大阿尔伯塔大学的研究团队创造了钨显微镜，其尖端宽度只有一个原子大小，可以实现原子材料的可视化操作。三年后，他们又创造出史上最小的量子点——单个硅原子，它可以控制单个电子，为生产超低功耗电路铺平道路。

直到 2018 年，阿尔伯塔大学的研究团队终于通过在原子制造基础上的机器学习，实现对天气变化的预测。首先，他们将无数的单个原子装配成纳米结构，再把这些纳米结构组装成微器件，进而实现自动化。由于原子的尺寸是纳米结构的十分之一，这种原子制造的微器件耗电更少，可以把摩尔定律中的性能提升 100 倍。

在中国，原子制造还属于无人区。2019 年华为成立了战略研究院，宣布每年花费 3 亿美金支持国内大学实验室研究原子制造。目前华为推出的原子路由器是全球最小的运营级路由器，产品仅有手指大小。

无论是光计算、DNA 储存还是原子制造，都是为了提升我们的数据处理和存储能力，从而在经典计算机领域衍生出科技动能，这些新兴技术虽然还处于萌芽阶段，但却是新一代计算发展不可或缺的指路明灯。

6

物联网：下一个互联网式奇迹

第一节　物联网是物物相连的互联网吗

新一代计算需要落脚于应用，而物联网正是重要的载体之一。

在谈论物联网之前，我们先来看看物联网的进化逻辑。过去几十年，IT 产业都是按照摩尔定律的规律在发展，但现在它的增长动能似乎不足，呈现出"反摩尔定律"。

不妨看看过去 20 年的数据，现在电视机的价格相较于 1999 年下跌了 97%，手机、电脑和汽车也出现了大量的降价，甚至连芯片与窄带物联网模块这种前沿产品都打起了价格战。在今天，一个 IT 公司卖掉的产品，如果和 18 个月前一样多，它的营业额就要降一半。

IT 巨头增长乏术、终端出货量疲态显现，物联网作为互联网大潮的第二增长曲线，正在成为新商业模式的桥梁，开始在各个应用场景中搭建起来。

解耦是一种趋势

对于 IT 产业而言，其中一大发展趋势就是解耦。

何为解耦？过去在设计 IT 产品时，做硬件的人不用管软件，但是做软件的人却必须兼顾，既看硬件又编软件，这就造成了大家协作效率不高。有了操作系统之后，便形成一种新的标准和共识：即软硬件彼此拆解，每个人只做好自己的事而不用兼顾他人，进而做到资源和协作的最大化分离，这个过程就是解耦。

我们进一步解释，比如 Windows、iOS 与 Android 这些操作系统，通过虚拟抽象层实现了硬件和软件的解耦，即所有的软件和应用开发者只需根据操作系统提供的编程接口，开发出的应用软件就可以运行在所有基于该操作系统的设备上，而无须考虑设备中的各类硬件配置。

物联网就是典型的解耦模式。物联网的操作系统是调度物体本身，它对物体的调度过程，通过"云-边-端"不同层级中不同设备的计算资源而实现。比如华为的鸿蒙系统，可以让应用之间、软件之间、硬件之间的配合更加灵活方便。

现在，这种以物联网为代表的解耦趋势，正在从技术领域向企业和组织领域迁移，我们看到整个产业生态的架构正在物物相连，从以前的价值链变成现在的价值网络，很多公司都在以"被集成"的心态快速融入价值网络当中。

然而，在这种大融合的趋势下，物联网不可避免地变成了一个很宽泛的概念。如果别人问你：什么是物联网？物联网有哪些分类？你该如何回答。

其实，物联网可以按照行业分类：比如农业物联网、工业物联网、交通物联网和安防物联网等；也可以按照无线通信协议分类：比如扩频无线调制技术、窄带物联网、蓝牙和 Wi-Fi 等；还可以按照场景分类：比如智慧城市、智慧校园、智能家居、车联网和智能电网等。

不过不管怎么分类，物联网都逃不出这三层含义：

第一，物联网的核心和基础仍然是互联网，是在互联网基础之上延伸和扩展的一种网络。

第二，其用户端延伸和扩展到了任何物品与物品之间，进行信息交换和通信。

第三，该网络具有智能属性，可进行智能控制、自动监测和自动操作。

一楼的咖啡煮好了吗

追根溯源，物联网其实并不新鲜，它的出现最早可以追溯到 20 世纪 90 年代初。

1991 年，在剑桥大学特洛伊计算机实验室（位于整栋大楼的三楼）里，科学家们想要喝咖啡，需要下两层楼查看咖啡是否煮好。为了解决这个麻烦，他们编写了一套程序，并在咖啡壶旁边安装了一个便携式摄像机，利用计算机图像捕捉技术，以 3 帧/秒的速率传递到实验室的计算机上，以方便工作人员随时查看咖啡情况。

第二年，这套简单的咖啡观测系统又经过不断更新，以 1 帧/秒的速率通过实验室网站链接到了互联网上。没想到的是，仅仅为了窥探"咖啡煮好了没有"，全世界就有近 240 万人点击过这个"咖啡壶"网站，这成为物联网诞生的一段佳话。

而物联网概念正式被提出来，是在 1999 年召开的移动计算和网络国际会议上。来自麻省理工学院的凯文・阿什顿教授提出了利用射频识别与无线数据通信等技术，构造出一个实现物品信息实时共享的互联网方案。

同年，我国中科院也启动了传感网研究，组成了 2000 多人的团队，先后多年投入数亿元，在无线智能传感器、网络通信技术、微型传感器、传感器端机和移动基站五个方面取得了重大进展。

通过多年发展来看，物联网具备三项关键技术，分别是传感器技术、射频识别技术和嵌入式系统技术。

传感器技术也是计算机应用中的关键技术，目前大部分计算机都是通过传感器把仿真信号转换成数字信号；射频识别技术也是一种传感器技术，在自动识别、物品物流管理方面有着广阔的应用前景；嵌入式系统技术综合了计算机软硬件、传感器技术、集成电路技术和电子应用技术为一体，经过几十年的演变，以嵌入式系统为特征的智能终端产品随处可见——小到人们身边的手机，大到航天航空的卫星系统。

如果把物联网用人体做一个简单比喻，传感器相当于人的眼睛、鼻子和皮肤等感官，网络就是神经系统用来传递信息，嵌入式系统则是人的大脑，在接收到信息后要进行分类处理。

如今，物联网相关技术虽然日渐成熟，但涉及硬件与软件的搭配，它又是如何产生实用价值的呢？

对于这一问题，如果有了统一的标准答案，物联网也就不会那么有魅力了。物联网不是一条单薄的技术赛道，而是综合实力的比拼。我们认为物联网和过去所有的技术变革都不一样，它让人类对自己的世界有了一个新的观测视野。

至于我们该如何观测与把握物联网变革所带来的机会，有专家提到了三个有趣的场景：

第一个场景是养殖行业的小猪被挤压。中国每年约有 1 亿只小猪被母猪挤压死亡，这已经成为养殖行业不可避免的一个常态化损失，而这样的场景背后是一个约 500 亿元规模的市场。

第二个场景是国产玉米价格高，这一问题其实反映了中国农产品成本高，主要原因是农业经营规模小而散，金融资本无法打通产业链。

第三个场景是因为环境监测设备成本高、部署稀少，导致大气质量不能被精准监测，模糊采集的数据又导致环保治理的一刀切，这样的治理效果可想而知。

这些场景是有共性的，都是在行业内被长期忽视或深埋在产业中的老问题。解决这些老问题，就是物联网从业者们的巨大机会。

警惕物联网的失控

值得大家注意的是，不能盲目崇拜利用物联网技术。物联网的发展是一个演化过程，也是一个去中心化的过程，甚至是一个失控的过程。

一方面，支持物联网的技术都在演化当中。

比如通信技术。最早的设想是用射频识别，然而近期发展出了近场通信技术，已经超出了当时的技术想象。未来，物联网的发展还可能依赖于点对点通信和中继技术的升级。

再比如身份识别技术。早期我们通过用户名和密码登录网站，今天扫描二维码已经非常普及，接下来指纹识别和人脸识别技术会得到广泛应用，技术进化会越来越快。

另一方面，当具有一定智能的机器接入网络后，物联网的发展就已经处于一种失控状态，可分为以下两种情形：

一种是人为的破解和修改。比如，扫地机器人伦巴的用户就对破解伦巴乐此不疲，他们可以让破解后的伦巴做各种各样的事情。后来制造伦巴的公司，干脆就把用户破解伦巴当作一个很重要的业务来做。

另一种则是机器智能的自我进化。比如美国某公司曾关掉了一个人工智能项目，因为在这个项目中人工智能发展出了一种自己的通信语言，而且是人类所无法理解的语言。

所以物联网的发展过程，是一个自我演化、自我生长的过程，也是一个机器和人类共同进化的过程。我们可以预见到这个趋势，但不可能预见到它的具体形式和具体技术，也不可能做出预先设计。

全球物联网大会主席王正伟透露，2020年，全世界会有260亿个物品连接在互联网上，产生超过10万亿元的市场机会。物联网将会成为下一个互联网式奇迹，未来最大的巨头公司也可能在物联网领域诞生。

但是，在这个触手可及且潜力巨大的市场里，物联网企业应该如何布局，找对最佳的掘金之地呢？

回顾之前移动互联网的发展，苹果和谷歌应用商店推出与开发者分成的机制，为后来的产业大爆发打下了良好的基础。物联网浪潮也是一样，竞争的关键在于生态圈的建立，不过和之前移动互联入口为王的逻辑不同，物联网的要求是全栈全链无死角。

目前，科技巨头们在物联网领域的布局，主要指向"云-管-端"。"云"指的是平台系统；"管"指的是通信网络，5G的发展已经为物联网铺开高速公路；"端"指的是芯片和传感器等智能终端。当前，"管+端"是巨头推动的主导方向，未来"云+端"将成就新的生态圈。目前，腾讯、小米、华为和中国移动等企业都在往这个方向发展，且各有所长。

不过，无论是"管+端"还是"云+端"，物联网设备在与互联网连接时，由于带宽、功率和传输距离等限制，催生出许多新的标准和协议。比如，根据专业机构的预测，物联网至少会带来比现在多30倍的终端数量，而现有互联网通信协议第四版体系只能提供43亿个IP地址，对于物联网而言远远不够。最新的互联网通信协议第六版体系，能提供43亿的4次方个IP地址，可以让地球上的每一粒沙子都能分配到自己的地址，是物联网发展不可或缺的基石。

未来所有的公司都是物联网企业，物联网也会成为下一个互联网式奇迹。物联网不仅改变了 IT 巨头，也为传统产业赋能，特别是对新零售的发展起到了重要的作用。

第二节　新零售的背后也是物联网

从最早的农村赶集和邮购，到百货商店和连锁超市，再到电子商务，每一次零售革命的背后，都是对成本、效率以及体验的不断优化。

新零售也不例外，其核心就是通过物联网、云计算、大数据和人工智能等新技术，对固有零售结构进行升级，解决长期面临的库存、物流、供应链管理、消费场景和盈利模式等难题。在这之中，物联网扮演了至关重要的角色。

技术与应用的天然匹配

作为物物相连的互联网，物联网可以通过感知层、网络层、平台层和应用层，构架出新零售追求的"人货场"业态，让消费者获得全自助选购、免排队支付等线上服务，以及耳目一新的线下体验。

什么是物联网的感知层、网络层、平台层和应用层？它们和新零售又是什么关系？

作为物联网的最顶端，感知层主要由传感器和微控制器构成。传感器是收集数据的关键，根据零售场景和需求的不同，可以分为声传感、热传感、力传感和红外传感等类型。微控制器是一个微小体积的智力内核，可以单芯片形态嵌入对象体系中，实现智能感知和控制，比如智能货架、物流机器人就是嵌入了微控制器。

在物联网的网络层，则是由基带芯片和通信模组成。物联网通信技术以蜂窝通信为主，而基带芯片的作用是实现通信信号的调制，由于技术壁垒较高，市场被少数几个公司把持。另外，通信模组是完成物联网终端网络接入以及数据传输的关键组件，它的技术壁垒相对较低，目前中国的通信模组占全球市场份额的80%以上。

平台层较为简单，是物联网对数据集中处理和计算的环节，这个环节基本由云计算等产业组成，对接的厂商基本上都是国内外互联网巨头。

而最底部的应用层，分为应用场景和系统集成两部分。零售业的应用场景有支付、选购和物流，这些场景通过网络设备、终端应用和软件操作平台等系统集成技术，实现"人货场"的数字化和互联互通。

感知层	网络层	平台层	应用层
・芯片：嵌入式系统、通信芯片、定位芯片等 ・传感器：物理传感器、化学传感器、生物传感器、射频识别、摄像头等 ・无线模组：通信模组（Wi-Fi/蓝牙、ZigBee、蜂窝网络等）、定位模组（天线、GNSS等）	・通信网络：蜂窝网络（2G/3G/4G、窄带物联网、SIM卡等） ・非蜂窝网络（ZigBee、LoRa、Wi-Fi、蓝牙等）	・应用开发平台 ・连接管理平台 ・设备管理平台 ・系统及软件开发	・物联网智能终端：ToB类（表计类、车载类、监控类、调度类等）、ToC类（可穿戴设备、智能家居、消费电子等） ・系统集成应用服务：ToB类（公共服务、垂直行业等）、ToC类（智慧生活等）

物联网典型的四层构架

感知层、网络层、平台层和应用层是物联网的核心技术，与新零售要实现的感知、互联和智能三大功能如出一辙。因此，我们可以理解为新零售是物联网最理想的实践业态，而物联网是新零售不可或缺的技术基石。

新零售的三大功能

新零售的感知就是智能技术对场景的感应能力，这种感应能力使场景能够数据化，并且把宝贵的数据资源留存下来。在新零售模式下，传感器和微控制器主要布置在货架、出入通道和智能硬件上，以电子签章、二维码和摄像头等为主。

比如，美国营收最高的连锁超市之一——克罗格，在超市中安装了超过 2200 个智能货架，这些智能货架可以与顾客的数字购物清单相结合，由于配备了无线射频识别标签这种感知技术，当清单上的商品靠近顾客附近时，数字购物清单就会亮起来提醒顾客，从而提高购物者的购物效率。

而最近流行的无人商店，也同样利用了感知技术。比如亚马逊 GO、淘咖啡和缤纷盒子，就是通过射频识别标签和摄像头实现了人脸识别、自助结账和无人值守等功能。

不过，目前射频识别标签的成本较高，行业成本在每个 0.5 元左右，不利于大规模推广。此外，对于 B 端商家来说，要为每个商品植入射频识别标签需耗费诸多人力，而且由于射频识别标签的射频属性还会受到介质的影响（如牛奶、罐装饮料等金属、铝箔纸包装），利用射频识别标签可能无法读取商品信息。

如今，以亚马逊 GO 为代表的无人商场正在尝试图像识别技术，通过深度感知摄像头、红外或重力感应器、麦克风和蓝牙发送器等硬件，分析货品的运动，判断用户是否购买。

在面对一些大宗商品时，射频识别仍然是物联网的主流感知技术。2020 年 1 月，来自中国信息通信研究院西部分院的基于 RFID 技术的固定资产管理系统，入选了重庆市经济和信息化委员会发布的"2019 年重庆市物联网十大应用案例"。基于 RFID 技术的固定资产管理系统，采用的就是射频识别技术采集资产数据，比如对每一件大宗货物赋予唯一电子标签进行标识，实现了对固定货物整个生命周期的监督管理，结合资产各类报表真正实现了账实相符。

除了感知能力，互联还是新零售另一个重要功能。现在，新零售的场景已经突破了购物现场的范畴，被纳入了生产、物流、仓储和售后等流程，而互联就是打通各个环节的数据，最大限度地实现数据共享，从而创造更高的上下游协同价值。

那么，互联又该如何实现呢？其实，零售商可以通过电子芯片和通信网络来实现这一功能。

比如，零售商在仓储中利用智能机械臂，实时统计库存信息，并与销售数据打通，自动生成订单传递给生产商。物流采用运营商最新的 5G 网络，实时回传位置信息。智能家居利用 Wi-Fi 模组联网，回传用户的消费信息给零售商进行参考。通过物联网技术，零售商将仓储、物流和消费者数据打通，从而实现新零售的互联功能。

来自中国的男装品牌劲霸，已经通过在服装标签中加入电子芯片，存储服装款式、颜色、尺寸以及发往地等信息。这种电子标签，可以帮助企业在专卖店、公司和生产商之间组建一条快速运转的流水线，第一时间将门店的销售信息和库存情况集中起来，并根据收集到的数据调配产品和安排生产。通过电子标签，劲霸的清货时间从过去的 2 小时缩短为 15 分钟。

而最后的智能功能，则是新零售的终极目标。随着零售体系的智能化水平不断提升和优化，新零售将从"以卖场为出发点"改变为"以人为出发点"，通过用户画像进行个性化推荐，每个人就是一个小市场，这将成为未来的主流。

海尔创始人张瑞敏曾公开说，物联网的本质就是"人联网"，物物相连仍然是工具，目的是通过工具实现人人相连。如今，海尔也正在从家用电器升级为物联网智能设备，进而从物联网设备升级为智联服务网络。

比如，海尔的智能冰箱既是智能家具，也是针对用户的新零售货架。通过冰箱内置的摄像头和图像识别技术，冰箱具有食材智能识别功能，可以主动进行过期提示。此外，冰箱还会根据实际食材储量推荐食谱，消费者可以在手机关联的 App 上管理食材，而内置的操作系统与超市互联之后，冰箱还可以自动下单购买鸡蛋、面食和牛奶等日常商品。

不仅仅是冰箱，在海尔物联网生态圈中，以衣联网为代表的价值网络，就一步到位地实现了新零售的感知、互联和智能这三大功能。

首先在工厂制造端，以海澜之家为代表的服装厂家，在加入了衣联网的物联网平台之后，收发货效率提升了 200%，人力成本下降了 50%，实现了衣物工厂端的数字化管理。

在门店端，衣联网的智能试衣镜不仅能全流程跟进衣物销售数据，更能根据区域用户的购买需求定制主推款式和旺销产品。通过与衣联网合作，服装销售门店平均库存周转效率提升了30%，用户流量提升了18%，收益提升了15%。

而在家庭端，衣联网通过智能洗衣机，可以为用户提供专属洗涤护理方案，实现洗、护、存、搭、购全流程的衣物智慧管理。

从这些例证我们可以看到，人们的购物体验完全被物联网改变了。安装在商店、冰箱甚至衣物上的传感器，使得零售商可以追踪顾客行为并收集个人数据，而这些数据又为零售商提供了改善经营策略的决策参考。

零售商的担忧

尽管物联网带来了这么多好处，但是仍有许多零售商对于布局物联网技术犹豫不决，这是为什么呢？其中有四个问题最为显著。

第一个问题是物联网的安全。数据泄露是物联网产业链各个环节都担心的问题，来自网络安全企业Sonicwall的报告显示，仅仅在2018年就检测到约3270万起物联网攻击，相对前一年增长了217.5%，即使是一次攻击也有可能导致数百万美元的损失。

不过随着2018年欧盟《通用数据保护条例》的出台，物联网开发商与零售商的合作就提升了一个层级，特别是在设备的安全机制上，已经提供了端到端的加密、安全密码和定期软件升级等服务。

第二个问题是物联网没有统一的技术标准和协调机制。从目前物联网行业的发展情况来看，并没有一个统一的技术标准和协调机制，这会导致进入这一行业的企业各自为政，比如各个新零售商超系统不能兼容，势必会制约新零售的发展。

第三个问题是基础设施投资大。大多数零售商都缺乏处理海量物联网数据的基础设备和网络。为了将商店数字化，零售企业需要对接收设备、系统集成、计算机通信和数据处理平台等系统进行投入。另外，当前可以实现远距离感应的电子标签，每个成本需要1美元左右，一个解读器成本也超过1000美元，而POS机、条形码扫描器和平板电脑也需要大量投资，这让很多零售商犹豫不决。

　　第四个问题是数据管理较难。毫无疑问，尽管零售店员工擅长商业业务，但缺乏物联网数据分析的相关技能。物联网技术涉及的传感、射频识别、通信网络及统一编码等一系列技术较为专业，对于员工流动较大的零售行业而言，培训员工的专业技能或请第三方数据公司管理，不仅耗时而且耗力。

　　不过，这些问题都难以阻挡物联网向零售市场渗透的趋势。据估计，2021年全球80%的零售商将采用物联网，毕竟效率提升才是零售业变革的主流，问题和困难只是暂时的。

　　新零售背后离不开物联网，物联网也需要在零售场景中落地。从整体来看，"物联网+新零售"的商业模式不仅符合零售行业转型升级的客观需求，也能较好地满足消费升级背景下不同消费者的消费需求。

第三节　工业物联网：给制造业装上大脑

　　过去20多年，科学技术日新月异，其中工业网络和移动计算持续影响着制造业。这些技术帮助全球制造商和组织，将诸如互联工厂、工业4.0和工业物联网的设想转变为现实，特别是工业物联网，对制造业的发展起到了举足轻重的作用。

　　在过去，制造型企业只需要管好"进销存"就能得到很好的发展，但现在却要管好更深的"底盘"才行。

　　什么是制造型企业的底盘？打个比喻，过去的生产线就像自助餐厅，每个机器都在做菜，但到底哪个厨师做的菜好吃，哪个设备的生产效率最高，并不需要颗粒度精细的数据分析。

　　但现在，由于顾客的口味越来越个性化，自助餐厅的模式很难生存下去。这时就要分析每盘菜品的受欢迎程度，以及每个厨师厨艺的优缺点。具体到工业当中，就变成了需要追踪每条生产线、每个工段、每批次产品，甚至每台设备在不同工况下的具体数据。

数据颗粒度变细的趋势，驱使工业物联网应用于各个工业领域，并且发挥巨大的能量。

工业网络化壁垒

我们不禁要问，到底什么是工业物联网？它又是如何改善传统工业的生产环节？

中国工程院院士邬贺铨曾经这样总结：工业物联网是一张具有感知与监控能力的网络，涵盖了传感器、移动通信和智能分析等技术，通过融入工业生产过程中的各个环节，大幅提高生产效率，改善产品质量。

与其他物联网类似，工业物联网也是使用传感器来收集数据，这些数据经过处理加工可以帮助加速生产流程，提高行业效率，并最终降低产品或服务的总体成本。但是，其中有一些特征使工业物联网与其他物联网应用明显不同。

一个消费领域的运动追踪器和一个工业使用的运动追踪器相比，虽然两者的主要功能都是收集和测量心率信息，但是在工业使用的运动追踪器中需要结合其他的参数设计，而这些参数实际上在消费领域的追踪器上并没有。比如，你可能从来没听说过 AMQP、DDS、XMPP 和 MQTT 这四种物联网通信协议。

这里用一个智能家居的例子来说明这些协议侧重的应用方向。在智能家居中，智能灯光控制可以使用 XMPP 协议控制灯的开关；智能家居的电力供给、发电厂的发动机组的监控可以使用 DDS 协议；当电力输送到千家万户时，电力线的巡查和维护可以使用 MQTT 协议；家里的所有电器的电量消耗可以使用 AMQP 协议，传输到云端或家庭网关中进行分析。

除了通信协议不同之外，工业物联网还需要连接设备的物理环境也有很大差异。目前，物联网设备已经开始连接起石油和天然气资源，这些设备会被部署在工厂、矿山和变电站，暴露在高温、极冷、高湿度和通风不良的环境中，在这种恶劣条件下，较差的网络运行情况让安装传感器的难度倍增。

不过，在物联网改造过程中，工业领域的企业最大的问题是"难以标准化"。

比如在传感器设备上，工业领域需要应用的传感器，种类庞杂且非常离散，需求严重碎片化，再加上各个行业迥异，行业之间壁垒很高。往往同一个行业中的不同企业，同一个企业下的不同工厂，甚至同一个工厂里不同型号的设备，都可能会有完全不同的需求。这使得工业物联网传感设备的交互，需要进行大量的定制化开发，造成前期投入大和后期维护难的问题。

此外，通信技术的缺陷，同样制约了工业物联网的发展。

在工业物联网的发展中，最早的通信技术是现场总线，由于厂家间出于自身利益的考虑，各个标准并不兼容，很快就被市场淘汰。后来，以太网发展起来，虽然成本较低，但是由于通信节点众多，还必须依靠监听，使得实时性很差，同样被抛弃。直到窄带物联网和增强机器类通信技术的出现，这种难以标准化的问题才得以改善。

因此，设备、技术和服务难以一体化，再加上关于物联网安全的风险，使得物联网在工业领域的应用进展比较缓慢。到目前为止，市场上还没有比较成熟的商业模式，以及相对大体量的公司。

工业物联网的中国路径

工业物联网虽然有现实问题，但也阻挡不了其发展的步伐，因为即使是在后工业时代，工业仍然是技术进步最大的需求者和消费者。从 IDC 最近的研究报告中可以看出，仅仅 2018 年，全球制造业在技术研发方面就投入了 1890 亿美元，其中物联网技术占比甚至达到了三分之一。

如今，工业物联网已经成为各国竞争的制高点。美国早在 2009 年就出台了《重振美国制造业框架》。随后，日本提出了 10 年内投入 1000 亿日元开发工业物联网的计划，而韩国的《制造业创新 3.0 战略》以及英国的《工业 2025 战略》，均视工业物联网为本国制造业复兴的关键因素。

目前，全球工业物联网有两大路线可以参考。一条是德国的"工业 4.0"模式。德国有强大的制造工艺、技术、自动化和数字化优势，其智能制造发展的重点是智能工厂、智能车间和智能产线。

另外一条就是美国的偏向于工业互联网的路线，其利用国内 IT 技术和解决方案的优势，依托微软、IBM 等 IT 企业，打造通用化或行业型的解决方案。

中国的工业物联网本质是一条中间路线，将工业互联网作为重要基础设施，为工业智能化提供支撑。具体而言，即围绕感知、控制、决策和执行等功能，突破工业物联网关键共性技术，研发新型工业网络设备与系统，构建工业物联网的基础。

下沉到企业层面，工业物联网平台已然成为兵家必争之地。欧美制造业代表 GE、西门子和菲尼克斯的平台建设已初见成效，中国工业巨子徐工集团和三一重工也蓄势待发。目前，全球已经出现了超过 450 个工业物联网平台。

那么，到底什么样的平台才称得上工业物联网平台？工业物联网平台又应该具备什么能力？

这里，我们拿徐工集团举个例子。对于已经出售的机械设备，如何才能洞察它们的运行情况，进而反馈给生产线和供应链，实现降本增效？

早在 2009 年，徐工集团启动了工业物联网平台——徐工信息。据徐工信息的总经理张启亮透露，这个平台已接入了超过 60 万台设备，包括全国各地的工程机械、新能源汽车、农业机械、军工装备、运输车辆和环卫车辆等近 6000 种工况参数，每天接收的数据超过 2 亿条。

通过对这些数据的分析，徐工信息大幅提升了徐工集团在财务管理、生产线以及供应链等方面的效率。目前，这一平台已经服务了徐工集团之外的 75 个细分行业，仅 2018 年上半年营业收入就有 1 亿元，较上年同期增长 70% 以上。

而山城重庆作为全国知名的汽车和摩托车生产基地，2020 年汽车电子产值突破 200 亿元。为了给机动车提供检测服务，重庆云网科技打造了智能车检解决方案，通过车联网和智能车辆管理系统，结合射频识别卡读写技术、自动控制技术、传感技术及控制一体化技术，以计算机网络为平台，利用汽车通信口、出入口智能控制器、自动道闸、主控电脑和发卡器等设备，对常规车辆使用情况、车位监控和车辆非法盗用等多项车辆管理功能实现智能化控制。

类似徐工信息和云网科技这样的平台，通过物联网技术监控环境条件、评估生产线状态、发现问题和潜在的安全威胁，给制造业装上了大脑和翅膀，使得整个业态变得更加智能和高效。

机器即服务

工业物联网对全球工厂车间产生了重大影响。比如机器数据的涌入，提高了产量和整体设备效率，延长了设备的使用寿命，并提供了新的维护方法。尽管许多制造业已经在内部受益于工业物联网，但却很少看见有利用工业物联网提供服务的设备制造商。

对于制造业而言，这种模式并不是空穴来风。在工业机械中，压缩空气、阀门、机器人、水泵、智能照明系统甚至客运列车，都出现了机器即服务的产品。劳斯莱斯和通用电气都有提供喷气式发动机，客户为发动机的使用小时数付费，而制造商拥有发动机并提供维护。

工业物联网创建机器即服务的第一步，是生成机器或流程的虚拟表示，也称为数字孪生。通过利用现有传感器或在制造流程中安装新的传感器，并通过网关收集这些传感器的数据，利益相关方可以在物联网平台中可视化这些数据。

当团队能够利用基于云的技术可视化有关流程的数据时，就可以从任何地方对其进行监控，它还提高了正常运行时间的可预测性以及对供应链的影响。

这种模式可以让设备制造商从一次性机器销售，转变为根据机器的使用和服务向客户收费。麦肯锡和设备制造商协会进行的一项调查发现，除了销售产品之外，销售服务的制造商的税前利润是其他设备制造商的两倍。

工业物联网是支撑智能制造的一套智能技术体系，但要实现机器即

服务离不开良性的商业生态和市场环境,特别是要看清工业物联网的三个误区:

第一,工业物联网实施的智能制造,不是简单把自动化做好,也不是纯粹的机器换人,任何设备都要进行智能连接、智能对话、自我学习和自我修复,才能实现个性化和柔性化的智能化生产。

第二,很多人认为工业物联网是制造本身的问题,是生产线智能化的问题。其实不然,智能制造的关键是先要把产品数字化,而不是制造数字化。

第三,许多企业启动工业物联网是为了追风赶时髦,或是获取国家补贴,这显然是本末倒置,企业一把手的思维转变非常重要。

看清智能化的趋势,解答工业物联网这道命题,将是所有工业企业未来发展的充分必要条件。

有专家判断:在未来的10年里,工业物联网将彻底改变工业领域,其中联网机器数量将达到百亿之多,而这些联网机器提供的生产力,又会让全球GDP以两位数的速度增长,这就是物联网所带来的新工业革命。

第四节　谁是物联网时代的平台霸主

互联网时代孕育了微软、谷歌、阿里与腾讯这些平台巨头。那么,物联网时代又会有哪些平台霸主横空出世?

物联网没有标准定义

这里我们先讲一个有趣的实验。2019年,亚马逊公司在剑桥大学尝试用无人机递送包裹。他们的技术团队借助计算机视觉进行操控,让无人机可以在飞行过程中自动躲避障碍物，仅仅 30 分钟就实现过去 1 个多小时才能完成的包裹交付。

其实，设计这一套自动飞行系统有很多技术方面的挑战。比如飞行至某一区域突然没有网络，如何减轻无人机硬件的重量，以及克服在 CPU、电池和机器学习系统等方面的困难。

这里，亚马逊云技术团队提供的物联网平台起到了关键作用。它就像一个物联网的操作系统，集成了无人机上的热成像仪、摄像头和声呐等传感器，在机器学习模型的帮助下，通过数据采集与芯片运算，无人机就可以自动识别并绕过障碍。

实际上，亚马逊云技术团队开发的这个平台，只是物联网平台的一种类型。物联网平台是一种软件，它扮演着"物"与 IT 系统，以及业务流程之间的中介角色，促使企业引入具有潜在变革性的数字业务，为实现以资产为中心的业务解决方案提供了中间件基础，并且以灵活的方式管理多个物联网应用程序。

物联网平台并没有一个标准的定义，就如物联网并不是一项新技术，而是已有技术在新情景的应用。每一个行业巨头都可以根据自己的业务特点，整合业务和产品线，抽离共性技术、业务流程等重组出一个业务平台，并称之为物联网平台。

目前，物联网平台按照用途可分为三种类型：一是底层架构平台；二是用户识别模块管理平台；三是解决方案平台。

像亚马逊无人机自动飞行这样的平台，就属于底层架构平台。公有云公司提供了平台的底层架构和应用程序编写接口，可以像操作系统一样，集成多种多样的软硬件应用。目前，由于拥有云计算的优势，又擅长数据分析计算，亚马逊云、微软云、谷歌云、阿里云和 IBM 等巨头，已经在这一领域的第一梯队领跑。特别是亚马逊云，它在全球市场的占有量接近 50%。

蓝海在哪里

互联网巨头们把触角伸进了物联网。对于其他公司来说，还有蓝海吗？

接着我们来看第二类，用户识别模块管理平台。所谓用户识别模块，就是物联网上终端设备的身份证，类似于电信运营商的手机 SIM 卡。所以，在这一领域，电信运营商和通信设备商更具优势。目前在全球市场上，以思科的贾斯珀平台和爱立信 DCP 平台为代表。

在这里，我们讲一个关于爱立信 DCP 平台的案例。

世界顶级矿业巨头瑞典波利顿公司，在全球拥有 8 个矿场，其中位于瑞典北部的艾蒂克矿场是欧洲最大的露天矿场。为了获得铜矿石，工人们必须转移运输大量的岩石，为此要增加巨型的设备，这些设备又要人来操作管理，严重影响了采矿效率。

后来，波利顿公司找到爱立信合作，通过 DCP 平台对矿场进行改造，对复杂钻孔、自动驾驶矿车、自动规划和调度系统等方面进行升级。

比如，爱立信将矿场的 5 个传统钻机加装上用户识别模块、通信模组和摄像头，改造成具有自动化和远程控制功能的钻机。经过改造后的智能化钻机，可以按照预设的路径，自动地从一个钻孔移动到下一个目标钻孔，并且可以自动重复任务。

这一改变，可以让钻机的工作时间每年延长 2000 小时，同时减少了对人员数量、服务站和停车区的需求，减小了矿区内运输路线繁忙的压力。而波利顿公司可以在保持设备数量不变的情况下，增加钻探工作量，每年为艾蒂克矿场节约 250 万欧元。

底层架构平台和用户识别模块管理平台，市场都是被大公司占据。对于创新企业的机会又在哪里呢？

其实，针对垂直领域的解决方案平台，才是竞争炮声最密集的阵地，也是最具创新与应用活力的新世界。

通过利用第三方基础技术平台的方式，这类平台集成了"云-管-端"的所有功能，可以提供包括终端和云端的系统套件。由于技术壁垒与前面两类平台相比较低，所以成为孕育很多物联网创新公司的沃土。

2010 年诞生于美国硅谷的艾拉物联，就是解决方案平台的创新企业代表之一。它的业务聚焦于水处理、暖通空调、大型和小型电器及智能家居等领域,通过为中小企业提供开发工具包,帮助企业用户开发手机终端应用,同时具备大数据分析的能力。比如,在艾拉物联生态下的酒店,就能实现手机远程开退房、线上结账、刷脸开锁和室内设施控制等功能。

当然,随着技术的成熟和产业的发展,这三种类型的物联网平台已经有了融合的趋势。而基于公有云开发的物联网系统,因为拥有接入、性能、安全和稳定等优势,自然成为企业用户最主要的建网方案,这些平台公司也从中获得巨额利润。

先连接再爆发

虽然物联网平台的发展已经成为趋势,但是仍然面临两个问题:一是较难实现盈利,二是同质化竞争严重。

首先,难以实现盈利已经成为物联网平台的共识。目前物联网平台的业务主要分为两种:一种是为大客户提供私有化部署的定制服务,这种项目实施需要很多人手,容易让团队陷入项目中,无法规模化,而且周期长。另一种则是面向中小企业的平台服务,为它们提供标准化模块的SaaS 产品,团队研发主要投入产品模块开发完善,这样容易实现规模效应,主要根据连入平台的智能化产品的出货量进行收费。一方面收费模式比较单薄,另一方面智能化产品发展和出货不如预期,所以目前还较难盈利。

此外,同质化竞争严重是物联网平台的另一个难题。当前大部分物联网平台的模式差别不大,提供的产品就是设备接入,包括联网模块、自主 App、设备运营及业务分析等几大产品,从而打造智能闭环。

由于现在市场生态并未完全成熟,物联网平台面向的应用较集中,当前几乎所有物联网平台都在瓜分智能家居和家电市场。综上可以看出,目前在物联网平台市场上,各平台商之间同质化竞争严重。

参照互联网的发展之路,物联网的发展路径同样也是"先连接再爆发"。搭建平台可以让物联网大量连接人和机器,交互衍生出丰富的物联网增值应用服务,如智慧出行、自动驾驶和智能家居等,进而推动物联网进入全面繁荣。根据预测,2020 年我国物联网平台层的市场规模将达到近5000亿元，物联网平台已经成为通往未来世界的主要窗口。

不过，目前物联网平台处于市场试验阶段。虽有独角兽诞生，但增长势头不够明显，未来究竟如何发展，我们有几点思考。

首先，物联网平台需要向上游拓展供应链。物联网平台的本质是企业服务，要想实现产品智能化，还需要采购模组等硬件，实现软硬件一体的全套解决方案，因此物联网平台向上游硬件厂商的拓展就成为必然趋势，比如高通已经入股机智云，进击上游供应链。

不论是产品深度合作还是投资入股，向上游拓展搞定供应链必然是物联网平台的趋势，这不仅能把物联网云平台服务的费用加到硬件模组上收取，同时也更符合国内中小品牌厂的付费习惯。

现阶段的物联网平台服务，提供的是设备连接管理这些简单场景的功能，但物联网的终极目的，还是通过分析机器背后的数据，提供优化运营和流程、提升效率、节省成本和增加收入等办法，使企业盈利提升。因此，在基础架构建设完成后，上层智能分析和机器学习能力以及更加丰富的场景应用，将成为物联网云平台的核心竞争力。

现在的物联网世界极为分散，各个厂商都在争抢地盘，第三方物联网平台作为核心枢纽，应当利用其位置优势，联合上下游厂商构建物联网生态系统，打造智能闭环。

《物联网平台市场报告2018—2023》揭示，随着越来越多的企业将"转型成为一家物联网数据驱动的公司"作为企业的优先级战略，物联网平台市场将在2020年加速发展。从数据上来看，物联网平台领域的软件和服务支出，预计将以每年39%的年复合增长率高速增长，到2023年，物联网平台领域的年度支出将超过220亿美元。

物联网带来了挑战，但更多的是机会。我们相信物联网肯定是下一个互联网式的奇迹，但需要政策引导、巨头推动和应用创新的共同作用。

7

智慧城市：让管理从平面到多维

第一节　智慧城市的内涵是什么

大数据、人工智能、区块链、5G、新一代计算和物联网这六大技术，带来了未来新风口，应用到具体的现实场景当中，又有哪些机会和挑战呢？

首先，我们要关注的是智慧城市。

1961 年，还在北大念书的作家叶永烈，写了一个叫《小灵通漫游未来》的故事。他用充满幻想的文笔，描写了未来中国家庭的衣食住行。比如，大量使用的塑料住宅、利用人造技术供应的食物、能便捷替换人体器官的医疗技术，以及可以飘在空中的汽车等。

当然，这只是科普小说里对于智慧城市的描写。那么，真正意义上的智慧城市是怎样的呢？

智慧城市浪潮

1990 年，在美国旧金山举行了以"智慧城市、全球网络"为主题的国际议会，智慧城市构想首次被提出。2008 年，IBM 公司推出"智慧地球"概念，首次提出"智慧地球以城市为基准"的思想，智慧地球被认为是智慧城市的终极目标。

智慧城市的发展是一个动态的过程，城市的概念和发展目标会随着社会的发展目标而不断升华。建设智慧城市其实就是让城市从传统发展到智能发展的过程，致力于实现资源的合理利用和环境质量的提升。

早在 2006 年，新加坡政府就开始了"智慧国"的城市计划，经过十几年的发展，已经迈向了"虚拟新加坡"的层面。

比如，在贸易和物流领域，通过建立安全、中立、跨行业的信息交换系统，已经实现了空中航运物流与清关程序的无纸化；在交通领域，通过高速公路监控、公路电子收费、优化交通信号、智能地图和停车指引等系统，可以有效分配城市的交通资源，解决交通拥堵问题；在医疗卫生领域，新加坡早在 2012 年就发起了远程医疗计划，通过城市综合医疗信息系统，老人不管在家、社区或家庭医疗诊所，都能获得远程医疗的贴心服务。

以新加坡为代表的智慧城市，是一种新的城市理念和模式，它基于信息通信技术，全面感知、分析、整合和处理城市生态中的各类信息，及时做出智能化响应，提升城市的运行效率。

应用层	• 智慧市政、智慧规划、智慧国土、智慧公安、智慧交通、智慧测绘、智慧房产、智慧通信、智慧城管……
框架层	• 数据共享仓库、数据管理仓库、数据服务仓库
物联层	• 分布式云计算（公有云、私有云）、物联网接入、外部网接入
基础设施层	• 软件环境（操作系统、数据库管理软件、入侵检测系统、杀毒软件、办公软件、GIS平台……） • 硬件环境（数据库服务器、应用服务器、备份服务器、网络安全服务器、CA认证服务器、档案管理服务器、图形工作站、存储设备、负载均衡器、交换机、硬件防火墙……） • 基础设施（供水设备、供电设备、供气设备、供暖设备、污水处理设备、通信设施、道路交通、工业设施、城市监控、移动终端……）

智慧城市的四个层级

在这样的定义下，国际标准化组织已经开始联合多个国际组织，通过借鉴新加坡模式，正式启动了全球智慧城市的标准化工作。智慧城市这一浪潮，在全球范围内已经势不可当。

不过，在通往智慧城市的道路上，城市发展却面临规划阻碍和经济失调两座大山。

什么是规划阻碍？

唐代的长安城是历史上最具备规划意识的城市。它严格按照功能进行区域设计，街坊以道路进行划分，住宅区采取围墙隔断。虽然这种整齐的"里坊制"便于管理，但是却限制了商业经济发展与市民生活需求。

那么，完全处于经济需求下肆意生长的市民城市会更好吗？

19世纪中期，巴黎由于商贸繁荣，造成了城市人口过载，大街上人畜粪便满地，工厂也直接把污水排进塞纳河，恶劣的城市环境让新生儿死亡率超过50%。商业过度发展，同样让城市失调。

显然，这两种极端的模式都不适用于现代化的智慧城市建设。想要达到两者的平衡，绝不仅仅体现在先进的技术，以及网络和摄像头的覆盖上，而是打造以人为本的智慧城市生态，让城市管理者、应用开发商、系统集成商、服务运营商和有需求的民众都参与进来。

中国这块热土

在智慧城市的生态建设方面，中国成为需求最旺盛，发展最快速的一块热土。截至2019年，中国有超过500个城市，均在《2019年国务院政府工作报告》或"十三五"规划的智慧城市建设名单中。

从宏观上来看，中国智慧城市的发展具有几个特点：

一是需要满足工业化、信息化、农业现代化和新型城镇化等经济发展上的多方需求。

二是中国智慧城市建设强调政府统筹规划和管理，政府部门在智慧城市建设中起到积极的引领作用，资金来源方面与国外有着较大不同。

三是中国大城市的人口密度大，导致大堵塞、大污染等社会环境问题，公共服务水平亟须改善与提升，大数据的多方共享和智慧使用可以帮助解决这些问题。

不过，在政策法规大力支持及基础设施不断完备的基础上，中国智慧城市的应用场景也越来越丰富,其中智慧安防、智慧交通和智慧社区是智慧城市发展中需求最高、落地最快、技术与服务最成熟的领域。

我们先说说智慧安防的应用。

2018 年,"雪亮工程"首次出现在中央一号文件中,主要通过将公共安全视频监控联网,发动广大群众共同通过视频监控,实现对城市周边的县、乡、村的治安防控。目前,"雪亮工程"建设市场迎来爆发式增长,以全国 334 个地市级行政区计算,市场需求超过 330 亿元。

在智慧交通方面,我国的高速公路运营总里程位居世界第一。同样在 2018 年,浙江省宣布计划兴建中国第一条超级智能高速公路,连接相距 160 多公里的杭州与宁波。

这条高速公路通过建立智慧云控平台,打造人、车、路协同的车联网感知系统,前期使汽车行驶速度可以提高 20% ~ 30%,后期则可以实现自动驾驶。此外,这条超级高速公路还将在路面铺设光伏板,前期在收费站和服务区建设充电桩,后期则可以实现移动式的无线充电,一边开车一边充电。

社区是城市的"细胞",智慧城市又是如何落脚于社区管理的呢?

2019 年,重庆特斯联科技打造了江北区鲤鱼池智慧社区,通过注入边缘算力的人工智能终端和物联感知设备,门禁通行、视频监控、车辆、消防、电弧电气、井盖,甚至垃圾分类都可以实现数据感知与在线。比如,哪家楼门有没有关好,高峰时段的车位紧张,独居老人的出门情况,电缆的老化隐患,物业和居委会都能第一时间知道并及时派人解决。

科技战疫新办法

智慧城市的治理方式不是一个既定规则,在一些突发事件上,智慧城市还会智慧吗?

2020 年新冠疫情期间,从上线疫情服务平台、开放远程办公,到数字化防疫设施等诸多方面,智慧城市开始由点及面地展现出它的能力。

比如,在北京清河火车站,由百度提供的智能化多人体温快速检测解决方案,用非接触、安全可靠且无感知的方式,对体温超出一定阈值的流动人员发出异常预警，从而遏制病毒传播。

而在东北，科技公司泰瑞数创建设了社区疫情防控平台，不仅利用数字孪生底座上的人房信息数据，精确定位疫区来访人员，还可以发现需要隔离观察人群的实景三维地理位置，还原行踪轨迹，为政府相关部门提供了一个可视化的疫情管理系统。

在这次应对新冠疫情的过程中，无论是在武汉还是在其他非疫区省份的联防联控中，社区治理和智慧科技手段都发挥了重大作用。比如在浙江启动的健康码，上海开展的智慧社区人脸识别，北京采取的蔬菜等生活物资登记，重庆为企业复工研发的"渝康码"，等等。

但是，此次新冠肺炎疫情也暴露出中国智慧城市建设的问题。特别是时空轨迹数据不全、精度不高，城市网格管理的精细程度不够，数据共享程度不足，公民知情权与数字隐私权之间存在矛盾等问题。

如何解决呢？针对智慧城市治理模式的新特点，我们可以从以下几个方面来开展工作。

第一，加强智慧城市中城市综合管理平台的建设。城市综合管理信息系统是智慧城市建设的基础，也是未来城市智慧管理的重要途径之一。

中国智慧城市建设，需要打通国家、地区、省市、城市、街道和社区的社会管理信息平台，并形成基于社区服务的治理体系，构架出"城市大脑+社区细胞"的现代化管理体系。

第二，全面加强"完整社区"的建设，并实现智慧社区的治理模式。社区是城市现代化治理的群体性单元细胞，也是城市生命有机体正常运行的基础组织。

因此，我们在城市系统运行管理和开展空间规划设计时，需要注重以人为本的核心，保证城市、行政区、街道和社区四级空间的系统衔接性和嵌套性，完善"社区细胞"的自组织生存、社会服务和支持城市运行功能。

第三，全面实施智慧城市建设战略，快速推进城乡物联网基础设施和数字货币建设，尽快形成以"全信息技术产业+全工业制造门类"相结合的生产体系。

疫情之后，中国的智慧城市建设应该"虚实结合"。"虚"指的是加强基于人的数字身份、数字货币体系，以及物联网物资数字化的工作。"实"指的是加强基于大数据的云端工作平台建设，加强以物联网为代表的基建设施建设，基于智慧城市的建设体系尽快形成一个物联中国、数字中国、信息中国和智慧中国。

智慧城市为我们带来的社会福利显而易见。但是，发展智慧城市不是一蹴而就的，需要政策、技术和需求的综合推动。随着信息技术向更多产业渗透，城市各系统间的数据必然会强关联，进而形成城市经济的高耦合发展，这个过程势必将催生新的经济增长点。

第二节 定位服务：构筑智慧城市根基

城市的发展离不开钢筋水泥，对于智慧城市而言，它的根基离不开位置服务和智能时空。

智慧城市的基石

1993 年，美国女孩詹尼弗·库恩在遭遇绑架之后，悄悄用手机拨打了 911 报警电话，但 911 呼救中心无法通过手机信号确定库恩的位置，最终库恩被歹徒杀害。这个不幸的事件，成为位置服务产业发展的起点。

位置服务又被称为 LBS，是通过移动通信网络和卫星定位系统获取人和物的位置信息，再结合云计算等新一代计算，提供智能化的定位、导航和地图查询等服务。

目前，较为普遍的位置服务包括以下三类：自导航服务、移动位置服务和互联网地图服务。基于位置服务市场，产业链中的参与者包括手机导航、位置交友、智能汽车、智能救助、智能交通、智能医疗定位和物流监控。

对于智慧城市来说，位置服务是底层基础；相反，智慧城市又促进了位置服务的价值最大化。

为什么这么说呢？

如果对智慧城市进行划分，可分为量化、识别、决策和执行四个层次，其中位置服务处于量化层和识别层，通过位置与位置之间的交互，帮助城市做出更有效率的管理。

迄今为止，全球的智慧城市都是通过位置服务实现城市管理从单一到多维的。

比如，位置识别可以预防犯罪。美国加利福尼亚州的亨廷顿海滩，过去是一个暴力事件频发的地方，为了预防犯罪，警方使用推特的地理标记功能，跟踪涉及"枪支""毒品"与"打架"等关键词的账户，找出存在犯罪风险的人和地点。

此外，基于位置的公共网络，可以为市民提供服务。在纽约市区，"连通纽约"的公共信息亭是一种多功能的电子立柱，不仅可以提供免费 Wi-Fi，还能为手机充电，并通过用户定位通报附近的活动，基本取代了传统的公用电话。

而在安全方面，位置追踪可以防止人员失踪。在韩国首尔，儿童和老人都可以申请佩戴 GPS 手镯，其关联的监控系统具备地理围栏技术，用一个虚拟的栅栏围出一个地理边界，GPS 手镯进入或离开某个特定区域时，其他家庭成员就会收到通知或警报。

不仅如此，在停车管理、紧急医疗、能源配送、污染防治与垃圾处理等城市功能上，位置服务都起到了巨大的推动作用。那么，如此重要的位置服务，它背后的技术又是如何构架的呢？

位置服务的三大技术

关于位置服务的技术构架，离不开全球定位系统、遥感技术和地理信息系统。

全球定位系统是一种以卫星为基础的高精度无线电定位系统，目前有美国的 GPS、欧洲的伽利略、俄罗斯的格洛纳斯和中国的北斗卫星导航系统。

其中，美国的 GPS 全球卫星定位系统发展最为成熟。GPS 是美国从 20 世纪 70 年代开始研制，耗资 200 亿美元，于 1994 年全面建成，由空间、地面控制和用户设备 3 个部分组建。

空间部分是由 24 颗工作卫星组成，它们均匀分布在 6 个轨道面上，使得在全球任何地方、任何时间都可观测到 4 颗以上的卫星，并能保持良好定位的几何图像；控制部分主要由监测站、主控站、备用主控站、信息注入站构成，主要负责 GPS 卫星阵的管理控制；用户设备部分主要是 GPS 接收机，主要功能是接收 GPS 卫星发射的信号，获得定位信息和观测量，经数据处理实现定位。卫星定位虽然精度高、覆盖广，但其成本昂贵、功耗大，并不适合于所有用户。

另一种与全球定位系统类似的室外定位技术，就是基站定位。基站定位一般应用于手机用户，通过电信运营商的网络，获取移动终端用户的位置信息。

手机在插入 SIM 卡以后，会主动搜索周围的基站信息，选取距离最近、信号最强的基站作为通信基站。其余的基站并非无用，当你的位置发生移动时，不同基站的信号强度会发生变化，比如基站 A 的信号不如基站 B 时，手机为了防止突然间中断连接，会先和基站 B 进行通信，协调好通信方式之后就会从 A 切换到 B。这就是为什么同样是待机一天，你在行驶的火车上比在家里耗电更多的原因。

不过，由于基站在定位时信号很容易受到干扰，因此先天决定了基站定位的不准确性，定位精度一旦超过 150 米，基本就无法进行开车导航。

遥感是位置服务的另一项重要技术，是指非接触的远距离探测技术，通过高塔、气球、飞机、火箭、人造地球卫星、宇宙飞船和航天飞机等设备搭载的传感器，对地球表面的电磁波辐射信息进行探测，然后进行信息处理和分析的综合性技术。

大面积同步观测是遥感技术的特点。由于采用高空鸟瞰的形式，遥感技术可以在不同高度对地球进行大范围探测，获取有价值的数据。比如，遥感用航摄飞机飞行高度为 10 千米左右，陆地卫星的卫星轨道高度可高达 910 千米左右。

另外，瞬时性是遥感技术的另一个特点。通过多点位、多谱段、多时段和多高度的遥感影像以及多次增强的遥感信息，提供瞬时或同步性的地面信息，进行动态监测。

比如 NOAA 气象卫星，它是美国国家海洋和大气管理局第三代实用气象观测卫星，平时由两颗卫星在高空运行。因为一颗卫星每天至少可以对地面同一地区进行两次观测，所以两颗卫星就可以进行四次以上的观测，对同一位置的气候变化可谓了如指掌。

而地理信息系统就是对上述两种技术产生的空间位置数据，进行录入、处理、存储、管理、分析和可视化，解决各个行业规划和人类认知的问题。

比如在林业应用方面，地理信息系统通过对林业信息进行数字化，构建拓扑关系和坐标投影，不但可以输出林业资源信息图，还能按照用户需求编制如土壤图、林相图、植被分布图和立地类型图等不同专题图。内蒙古自治区林业勘察设计院就应用地理信息系统，通过可视化大屏，对自治区存在荒漠化、沙漠化的位置进行了监测。

因此，位置服务可以说是大数据、物联网和新一代计算的集成体。中国工程院院士李德毅表示，想要实现精准定位和智能纠正，需要复杂的计算能力、海量的存储能力和丰富的交互能力，如果只放在终端设备上是不可能实现的。

多维的智能时空

当然，除了全球定位系统、遥感技术和地理信息系统之外，位置服务的技术框架也呈现出多元化趋势，开始过渡到智能时空阶段，呈现出从低精度到高精度、从室外向室内、从坐标化到场景化的趋势。

首先，低精度到高精度的智能时空是如何实现的呢？

在城市的车辆管理中，如何确定汽车 90° 方向的行车是一项很难的技术。传统的方式是设置定时红绿灯，但这种方式不够灵活。如果使用摄像头,采集数据也不能实时反馈。来自上海的定位服务企业——千寻位置,通过对城市道路进行建模,实现动态厘米级和静态毫米级的高精度定位,为车主实时反馈90°方向的车流情况。

其次,从室外向室内,也是智能时空的发力点。

相较于以GPS为代表的室外定位技术,室内定位是一个大众比较陌生的领域。

由于受建筑物遮挡严重,卫星信号在到达室内环境时信号较弱,使得其在室内环境无法获取准确的位置信息。通过Wi-Fi、蓝牙、地磁、卫星信号、基站定位和惯导等技术,实现对人、设备、物体等在室内空间中的精准位置感知,就是我们所说的室内定位。

室内定位技术可以从信号和算法两种维度去区分。从信号上看,LED可见光、超声波、无线通信信号(蓝牙、Wi-Fi等)均可用于定位。从定位算法上看,有指纹定位、三角定位和时间到达等常用方法。

其中,可见光定位的优势在于成本低廉,只对光源调制特定的高频闪烁信号进行定位,弊端在于对用户手持设备角度有要求,否则将阻碍光敏传感器的信号接收,无法定位。而蓝牙定位技术也是业界主推的技术之一,但其信标的覆盖范围小,硬件铺设成本高,同时硬件铺设面临场景限制,也约束了蓝牙定位技术的商业推广。

来自中国深圳的数位传媒科技,在物理模型上并没有限定仅以某一种信号进行位置判断,而是兼容了多种手机可感知的信号;同时在定位算法上,通过射频识别、人脸识别的人工智能算法,在北斗卫星导航系统构建的物联网平台上,对室内空间中不同位置特征进行提取,最大限度分辨位置间差异并实现最终定位,解决了位置服务"最后一公里"的盲区。

最后,从坐标化到场景化,让智能时空更具备万物互联的感知能力。

iBeacon是苹果公司推出的蓝牙定位技术,根据用户的位置和需求,提供智能化的电子信息服务。目前,基于iBeacon的场景智慧化建设已经落地,比如北京恭王府、陕西历史博物馆和南京博物院等,游客在参观过程中随着地理位置的变化,会获得当前历史文物的实时讲解。

高精度、室内和场景化是智能时空的三个特性,通过提升机器颗粒度更细的时空感知，为位置服务提供多维的方向感。

　　无论是位置服务还是智能时空，本质上都是为了解决人、物、城市之间的无缝连接与协同联动。对于智慧城市而言，位置服务就像是智能化的神经网络。

第三节　数字孪生如何映射智慧城市

　　要知道城市的前世今生，就需要知道以空间 ID 为入口的"城市三围"，以及由这些信息所构成的数字孪生城市。

城市的数字双胞胎

　　建设雄安新区是我国的千年大计。在《河北雄安新区规划纲要》中有这么一句话：雄安新区是数字城市与现实城市同步规划、同步建设的城市，两座城市将开展互动，打造数字孪生城市和智能化城市。

　　什么是数字孪生城市？

　　首先我们要先弄清数字孪生。在科幻电影《黑客帝国》中展现了虚拟和现实相映照的世界，两个世界中各有一个相同的自己，仿佛是一对虚实世界的"双胞胎"。简单来说，数字孪生就是通过数字映射，在网络空间构建一个与物理世界相匹配的三维数字模型，就像现实和虚拟世界的双胞胎。

　　数字孪生城市就像是智慧城市的顶层设计。其中，水、电、气和交通等基础设施的运行状态，警力、医疗和消防等市政资源的调配情况，都会通过传感器、摄像头进行采集，并利用 5G 与物联网传递到云端，实现与现实城市的精准映射、虚实交互和智能干预。

它的好处显而易见。比如汽车厂商在进行市区自动驾驶试验时，通过在数字孪生城市的道路上进行模拟，可以实现多线路、无风险和可视化，这样一个测试环境在现实世界中很难实现。

此外，数字孪生城市还可以模拟城市紧急事件。英国纽卡斯尔大学与诺森伯兰郡水务公司合作创建了一个数字孪生城市，通过虚拟模型，水务公司可以运行计算机生成的管道爆裂、暴雨或严重洪水等模拟事件，显示哪些建筑物将被淹没，哪些路线是完美的逃生通道，几分钟内就知悉了紧急事件对城市的影响情况。

要准确理解数字孪生城市，我们需要记住三个关键词，分别是全生命周期、实时或准实时和双向交互。

这里我们再来看一个例子。

法国达索系统公司和雷恩市共同开发一个名为"雷恩 3D 城市"的可视化数字孪生空间，记录了雷恩市静态和动态的城市数据。

首先，雷恩 3D 城市具备全生命周期要素。达索系统不仅仅是建模，更重要的是提供了数字孪生城市的市场运营，贯穿了城市的设计、开发、建造和服务的整个周期。

其次，它还具备实时或准实时要素。雷恩市本体和孪生体的映射不是完全独立的，雷恩 3D 城市可以连接各个公共部门的管理系统，能够收集地理、空间、人口和气候等实时数据。

最后，它的数据是双向的。所谓双向，是指本体和孪生体之间的数据是流动的，本体可以向孪生体输出数据，孪生体也可以向本体反馈信息。雷恩 3D 城市的用户，可以将真实场景设计成虚拟场景，这些虚拟场景也可以反馈真实场景的实时信息。

透过雷恩 3D 城市，我们可以得出这样的结论：作为对物理实体城市的仿真，数字孪生城市的底层逻辑离不开大数据。

仿数分歧

与欧美地区相比，数字孪生城市在中国的发展，可谓如火如荼、百家争鸣。

雄安新区打响了第一枪之后，一阵"数字孪生城市"的浪潮在中国全面铺开。互联网、通信、安防、AR 和大数据等厂家，相继推出自己的数字孪生城市方案，这其中就存在明显的仿数分歧。

所谓仿数分歧，指的是数字孪生城市厂家在"仿真"和"数据"上的分歧。为什么会这样呢？

主张仿真的多是 AR、VR 等空间信息厂商，他们倾向于视觉感知，主张在智慧城市框架上建立一个"城市信息模型平台"，通过新型测绘、标识感知、虚拟现实和模拟仿真等技术，实现城市的三维重建。

比如，51WORLD 是一家国内的虚拟现实公司，它开发的 51City OS 园区虚拟系统，可以对一个产业园进行完整的 3D 还原，可以查看和调取任意位置的监控画面，还可以针对火灾等异常情况进行仿真模拟救灾。

不过，"仿真"并不是数字孪生的标准答案。阿里巴巴的"城市大脑"、大华的"城市之心"以及佳都科技的"数字孪生"方案中，全然没有提到建模与仿真等要素。

这类平台型企业认为，建模和仿真在一些局部场景可能会用到，比如仓储物流、社区或园区管理等。但他们更倾向于数据逻辑，认为真正的数字孪生城市是通过计算机视觉与数据中台等技术，采集分析城市数据，在互联网空间塑造一个数字层面的城市。

比如，在杭州市萧山区，阿里巴巴开发了应急车辆"绿波带"监控，通过在数字孪生城市上进行动态交通的模拟，达到秒级精准预测，实时为救护车规划最优路径，同时自动调控红绿灯。在测试中，这种方法可以缩短救护车一半的通行时间，且对其他车流的影响非常小。

事实上，仿真派和数据派并非真正的对立关系，企业也是从自己的原生核心业务出发。对于数字孪生城市而言，两者都很重要，但显然都不是全部。

数字孪生新方案

2018 年，中国信息通信研究院发布了《数字孪生城市研究报告》，其中提到四个关键点：高精度城市信息模型是基础，全域布局的智能设施是前提,安全高效的智能专网是支撑,智能操控的城市大脑是重点。

数字孪生城市,如何实现这四个关键点呢?

事实上,伴随5G技术即将大规模商用,在低时延(峰值速率比4G提高了30倍)、大连接(每平方公里支持100万个传感器连接上网)、支持高速移动(每小时500公里高速移动时的数据连接)等优势条件下,城市从诞生开始,流量和数据将迎来爆发式的增长。

因此,数字孪生城市可以在定位服务和空间ID的基础上,嫁接越来越多的智能场景应用,形成覆盖规划设计、建设实施和运营管理的全周期城市操作系统,其中我们要把握好这几点:

第一,空间ID是把城市切分成最小的空间单元,用作操作系统的入口,为数据和信息提供构件级的空间定位,让每一栋建筑和街道都活过来。在这背后,需要在规划时搭建起城市信息化模型的底层平台,通过全局联动的电子导则和自主优化的模型体系,在决策实施之前,提供更多的模拟、推演和比选方案。

第二,通过多模块集成的传感器和高算力的边缘计算终端,城市的分析和决策能力被下放到分布式终端。同时,得益于城市数据颗粒度变得更小,生成了基于个体的ID档案,城市和用户的状况能被更加精准地追踪和预测。

第三,要建立智慧城市的"操作系统"而不是"决策系统"。在未来,我们要的不仅仅是堆积数据的集中地,而是要建立起一套针对城市空间的数据开放与交易机制。

数字孪生绝不仅仅是系统上云,或者建立一块可视化的大屏,而是要在实体城市生长的每一个环节,考虑到数字与城市生长的匹配,将智能应用与城市的脉络、软组织乃至大脑相融合。比如,不同建筑单元通过模块化的组织和更新,形成可插拔、可组合的乐高城市。这背后,是数字孪生城市一系列软硬结合的解决方案和工具包。

2019年,华为帮助江西省鹰潭市打造了5G数字孪生城市。在鹰潭市,华为布局了110万个传感器,覆盖地面、地下、天空和水体,构筑城区80平方公里的矢量数据,打造了一个城市的信息系统、数据模型和数字孪生的大脑。

仅仅几个月时间，华为通过数字孪生城市系统，为鹰潭市城区的道路照明节能 30%；物联网智能水表投入使用后，鹰潭城区自来水管网漏损率下降到 12%，年节水 240 万吨；在数据模型的模拟下，鹰潭的支柱产业——铜产业，生产效率也提高了 15%。

作为数字孪生城市的推崇者，华为侧重于打造智慧城市的生态圈，并且提出了业界著名的"1+1+N"的解决方案。

第一个"1"是沃土数字平台：集合了底层物联网、地理信息系统、大数据、视频云、融合通信、5G 和 AI 等新基础设施打造的城市数字底座，也可以理解为华为的数字平台能力。

第二个"1"是城市智慧大脑：基于华为数字平台，综合不同行业的数据和能力，构建成所有智慧应用的中枢大脑。

第三个"N"指的是各种智慧应用：生态伙伴基于华为数字平台开发的各类智慧应用，诸如智慧政务、智慧城管、智慧应急、智慧教育、智慧水务和智慧治理等。

而数字孪生城市在演变过程中，本身也出现了两个新变化：

一是技术取向的平台化。业内普遍认为，从顶层规划出发的数字孪生城市全生命周期管理，是突破智慧城市瓶颈的关键方法。因而导致政府的采购模式，逐渐从以渠道为主转变为以平台为主。

二是商业结构的生态化。数字孪生城市终究还是要服务于民众。以往的数字孪生城市建设多是自上而下，由政府或相关企业一起来推动。但将来还需要衔接城市居民的生活需求，形成一个多边生态的新型商业模式。

就像美国社会学家米切尔·邓奈尔在《人行道王国》这本书中提到的，一座城市的活力需要落地到人行道、社区这些微观部分，这才是数字孪生城市建设的毛细血管。

城市的原型正处在一个前所未有的变革期。如果说在工业文明时代，我们以效益和规模为核心目标，以钢筋水泥的"铁公基"为主要形式，那么，我们现在正转向一个更加柔性、智能、物理和数字结构的社会。

数字孪生城市是变革的前提条件，是信息技术单点突破和集成创新之后的新起点，也会是未来一段时间的城市信息化建设、城市数字经济发展的主流模式。

第四节　警惕智慧城市的不智慧陷阱

自从 2008 年 IBM 提出"智慧地球"的概念以来，全球智慧城市已经经历了三次迭代：

在 1.0 阶段，智慧城市主要的对象是政府的单个部门，只是实现信息化建设，并没有实现数据的跨部门打通和共享。

在 2.0 阶段，云计算、大数据和物联网开始盛行，成为驱动智慧城市建设的核心动力，典型的标志就是"最多跑一次"的政务改革，将不同部门的业务数据集中到一个场景中解决问题。

到了 3.0 阶段，政务数据、社会数据、企业数据和个人数据被连接起来，数字孪生城市、安全城市、循环城市、微交通和智能空间应运而生。

技术不代表城市智慧

我们要知道，智慧城市的建设是一个过程，而非结果。在这三次迭代中，有哪些陷阱值得我们警惕呢？

第一个需要警惕的是：我们不应该仅仅以信息化程度来评价城市智慧，而是要与历史积累的城市智慧共融。

不论是云计算、物联网、大数据，还是移动通信，它们在人类历史上只是瞬间的产物，产生得快淘汰得也快。这些技术是聪明的，但是作为衡量智慧的标准则太轻薄了，城市智慧是厚重的，需要有厚重的标准。

另外，现在许多流行的智慧城市规划，是由 IT 工程师承担，他们擅长在工程技术上思考问题，关注数字系统的可行性，而往往忽略了城市总体上效益与功能的协调。

韩国的"松岛新城"就是一个教训。从 2002 年开始，韩国就计划填海造陆 600 多公顷，并在上面建造一座智慧化城市。不仅可以实现社区、医院、公司和政府机构的信息共享，还将数字技术深入到住户房屋、街道和办公大楼。

松岛新城原本计划在 2015 年全面运营。遗憾的是，运营时间一直被推迟。松岛新城的居民经常自嘲生活在"一座废弃的监狱"里，这是因为松岛新城犯了智慧城市"重技术轻运营"的错误，新技术在城市里的堆砌，并没有为居民带来多少实实在在的生活福利。

而始建于 1580 年的布宜诺斯艾利斯恰恰相反。这是一座建在河流入海口的城市，一直以来深受洪涝影响。过去，阿根廷人在这里修砌了大量排水沟，派专人负责定期清理沟壑，起到了至关重要的抗洪作用。然而，由于近代城市化的进程，这些排水沟遭受损坏，使得布宜诺斯艾利斯经常水泄不通。

2013 年以来，布宜诺斯艾利斯开启了"智慧排水管道计划"，通过数字化改造 3 万条排水管道，利用大数据与物联网，实时监控排水管道的传感器数据，一旦哪里出现排水异常就可以迅速响应，实现了城市三天暴雨零积水的奇迹。

每个城市都该有特色

跳出 IT 工程师思维，智慧城市又应该如何规划呢？

城市是一个生命体，每个城市都有自己的独特之处，在区域经济合作、全国经济合作、经济全球化的环境下，城市选好自己在社会经济大格局中的定位非常关键。

另外，产业发展有自己的规律，它会向最有效率的地区聚集，违抗产业聚集规律的城市会因过度竞争而达不到发展产业的目的。所以，智慧城市在产业规划上不能生搬硬套，而是要因地制宜。

比如京津冀城市群就是一个典型的例子。过去，京津冀城市群里的各个城市都存在闭门规划的现象，不少城市之间布局重复且雷同，比如都想打造科技产业。这种同质化竞争造成了城市集群经济发展失调。

推进京津冀一体化之后，这种现象明显得到改善。北京强调做大节能环保产业与新能源汽车产业，天津立足先进制造业和现代服务业，而河北则将重点放在工业转型升级。

放眼全球智慧城市的建设典范，这种根据城市特色来定位的模式，已经是一种普遍共识。

比如纽约强调数据开放，上线了城市数据开放网站，包括人口统计、地理统计、灾害防治和政府程序等；东京重视信息基础设施的建设，通过全城布局物联网技术，实现日本"社会 5.0"的构建；巴黎则更侧重民众共建智慧城市，民间的技术、资金和人才都可以直接参与，同时也非常关注城市生态环境建设。

城市规划就是一种顶层设计。我们必须明白，好的顶层设计不是凭空想象，而是必须扎根于实际需求。

比如武汉智慧云平台项目，作为在中国落地的第一个智慧城市项目，微软公司没有结合实际情况进行合理的顶层设计，而是照搬国外的方案，花费大量资金购买 IT 软件和云服务，这些高大上的产品根本没有考虑到政府机构与民众的使用习惯，最终偃旗息鼓。

反过来，华为参与建设的兰州新区，在顶层设计之前，通过数字孪生城市模拟兰州新区的规划，利用城市大脑系统了解各个产业需求。比如在政务处理方面，兰州过去效率不高，企业投资项目的审批需要花费 130 多天，华为了解到这个问题后，设计并建设了政务云数据中心，让兰州新区 60% 的行政审批实现自动化，大幅提高了效率。

好的顶层设计为智慧城市提供了技术标准，而放到更大的城市集群中，我们还需要生态标准。

什么是生态标准？比如，省一级的智慧城市，应立足于数据资源的整合、治理、调度以及全生命周期的管理，重心自然落在数据整体运营层面；市一级的智慧城市，出发点在于城市的管理和控制，以及市区县三级职能部门的整合；到了县一级的智慧城市，要聚焦于县域的综合治理，要给居民带来看得到、摸得着的智慧化。

有调查报告显示，中国 100%的副省级以上城市、76%以上的地级城市和 32%的县级市，已经明确提出建设智慧城市。这种智慧城市集群趋势，加以各个级别智慧城市的生态标准，可以使城镇居民的生活需求得到立体化的满足。

长期效益靠机制

智慧城市是一项长期的战略性工作，保证项目的长期效益至关重要。

我们知道，企业的信息化工程效益很直观，决策者只要计算出效益与成本就可以上马。但政府长期服务的信息化项目，如果服务期超过领导者的任期，影响效益的因素将变得不可控。因此，长期服务项目的效益保证是一个机制问题。

说到长期效益的机制，杭州的城市大脑应该是一个典型。起步于2016 年的杭州城市大脑，以交通领域为突破口，开启了利用大数据改善城市交通的探索。如今几年时间过去，杭州已迈出了从治堵向治城跨越的步伐，取得了许多阶段性的成果。

杭州城市大脑取得初步成功的背后，其长期效益的机制究竟是如何构建的呢？

第一，五位一体的顶层设计。杭州城市大脑以经济、政治、文化、社会、生态五大领域为根目录，进行顶层设计，每个根目录又派生出二级目录、三级目录和四级目录，如社会管理的三级目录为城市管理、平安建设、市场监管等，构建了一张脉络非常清晰的树状图。

第二，全面覆盖的组织架构。杭州城市大脑构建了纵向到区县，横向到各部门的组织架构，纵向延伸到区县的称为平台，如杭州"城市大脑·萧山平台"，目前已有 15 个平台；横向扩展的称为系统，如杭州"城市大脑·城管系统"，目前已有 50 多个系统。无论是平台还是系统，均接入位于云栖小镇的中枢进行集中指挥。

第三，灵活高效的工作机制。市级层面成立杭州城市大脑建设领导小组，由市委书记挂帅，一位副市长主抓，各区县和各部门主要领导均为领导小组成员。同时，以项目为单元建立工作专班，成员分别来自政府部门和相关企业，专班既分工又合作，既独立又打通，在办公场地、后勤服务、设备设施及云资源等方面给予统一保障。

第四，过时即改的法规支撑。杭州城市大脑的推进倒逼公务人员理念转变，倒逼政府流程再造和管理模式创新。比如为了缓解交通拥堵，几年前杭州曾颁布市长令，外埠车辆进城、出城要错峰限行，给外地来杭人员带来诸多不便。在杭州城市大脑的协同下，市长令作了优化，推出了"非浙 A 急事通"，给外埠车辆每年 12 次机会不必错峰限行。

第五，面向市场的公司化运营。杭州城市大脑建设一开始就考虑了市场化运营，将城市大脑作为可复制的产品推广。目前，已成立杭州城市大脑停车运营有限公司，将便捷泊车的应用场景固化下来，并开始公司化运营。面向市场的公司运营，既解决城市大脑研发投入、运营费用问题，同时也将带动产业和数字经济发展。

杭州城市大脑虽然还面临诸多挑战，诸如信息质量、数据安全、数据开放和隐私保护等问题，但它却为智慧城市提供了一个样本和长效机制。

智慧城市中，每一个需要长期生存并且提供服务的信息化项目，都可视为一个生命体，长期生存的模式都是一种生命机制，都有对抗混乱度增加的自我修正功能。智慧城市本身也需要同样的机制使其能够长久地生存，以满足人类生存发展的需要。

无论是国外还是中国，智慧城市的建设都不能只是缝缝补补，而是让城市成为可持续生长、自我演进的有机生命体。法国作家雨果说过，一个城市的良心是下水道。当洪水四溢时，城市的下水道让滔滔之水悄然排泄，城市回归安详，这也许就是智慧城市的价值和意义吧。

8

数字政府：智慧政务新奇点

第一节　如何突破政务数据运营瓶颈

1998 年 1 月，"数字地球"的理念首次被提出。之后，"数字国家""数字政府"和"数字城市"等概念也相继出现。数字政府的概念诞生于智慧城市之后，是促进政府改革、社会创新发展的牵引力，更是政务数字化转型的最终表现形式。

政务数字化的三个阶段

长期以来，政务数字化就面临着三个难题，分别是互联互通难、数据资源共享难和业务协同难。如何解决这些问题呢？为此，电子政务、网上政务和数字政府等解决方案应运而生。

数字政府的发展特征

阶段	时间	发展特征	目标	驱动要素	技术形态	关键核心	行动与举措
电子政府 1.0 阶段	1999—2006 年	政府信息数字化呈现	以提升办公和管理效率为主	信息与系统	Web2.0	信息传播数字化	行业信息化系统建设与政府门户网站建设
网络政府 2.0 阶段	2006—2012 年	政府服务数字化供给	以优化服务模式和体验为主	连接与在线	云计算、移动互联网	公民体验至上	网上办事大厅建设与社会化服务渠道通网
智能政府 3.0 阶段	2013 年至今	政府组织数字化转型	以推动政府职能转变为主	数据与智能	大数据、物联网、人工智能	数据治理、数据资产化	大数据、数据开放、信息系统整合加速

电子政务以政府部门的信息化为主，强调纵向业务的系统建设。1999 年，中国启动了"政府上网工程"，目标是争取在 2000 年实现 80% 的中国各级政府、各部门建立网站并提供信息便民服务。

在政府上网工程的推动下，不到两年的时间，全国政府网站建设范围已经延伸到乡镇级政府，并开始向社会提供政府部门信息和在线服务，极大地推动了公共信息基础设施建设，政府专网、业务系统建设也开始逐渐铺开。

到了网上政务阶段，则更强调横向联通的能力和效率，通过统一的数据中台，打通分散于各个部门的数据孤岛。

2018 年 11 月，"互联网+政务服务"平台"渝快办"作为重庆新名片亮相。在重庆，"渝快办"已集成全市 58 个市级部门、3600 余项政务数据资源，上线政务服务共 564 项，日均办件量超过 10 万件。通过优化流程，提升跨部门政务协同能力，"渝快办"实现"让数据多跑路，群众少跑路"。

远在千里之外的迪拜，同样在大刀阔斧地进行政务数字化建设。《迪拜无纸化战略》规定，在 2021 年之后，政府实体将不再为任何交易向客户发行或要求纸质文件，而政府雇员也将停止发行或处理纸质文件。因此，迪拜政府推出了区块链战略，鼓励政府各部门与区块链企业进行合作。

通过与区块链企业 Smart Dubai 合作，迪拜土地局成为该国首个使用区块链技术的政府部门，其开发的区块链系统，记录了迪拜所有的房地产合同，并与当地水电局、电信系统和相关票据方等联通，使租户可以在线上完成快速支付。

不仅如此，迪拜无纸化战略构架的智慧迪拜平台，连接起了包括迪拜土地局、道路交通管理局、知识和人力资源管理局和迪拜机场等 15 个实体机构，可以以数字方式访问迪拜政府的 88 种服务，为每位用户平均节省了 28 个小时的线下审批时间。

自愈型政府的意义

对于智慧政务建设而言，横向打通数据孤岛显然还不够。从管理型政府转型到服务型政府，需要我们摆脱由政府唱独角戏的思维模式。

早在2015年，国务院首次提出了"放管服"改革，通过简政放权、创新监管和优化服务，进一步提高企业和群众的办事效率。

那么，如何实现"放管服"呢？

其中很重要的一点，就是推进新技术和政府业务的融合。在公共服务、市场监管、经济调节、社会治理和环境保护等政府职能领域，通过计算机识别、自然语言处理、智能问答、区块链和机器人流程自动化等技术，实现政府全业务、全要素和全流程的数字化、网络化、生态化和智能化，这也是建设数字政府的基础。

全球首个AI虚拟法官诞生在北京互联网法院。它可以借助搜狗公司的语音智能合成和形象智能合成两项技术，对当事人提问进行关键词读取定位，通过法律知识数据库，智能解答在立案、应诉、调解和法律咨询等方面的120个问题。此外，北京互联网法院电子诉讼平台还通过语音识别、人脸识别和法律知识图谱等技术，实现了起诉、立案、庭审和判决等全流程在线。

新技术让"放管服"改革正在进入深水区，数字政府也开始走向社交化、无纸化和外部协同化，进而形成了一种"自愈型政府"。

什么是自愈型政府呢？过去，政府的治理与服务主要依靠精英意识来推动创新，是政府单方面的力量。现在，则走向依靠平台与数据来构建推动，是多元主体协作的力量，这就是自愈型政府的模型。

比如，在政务督查方面，以前都是在政府内部进行考核，与公众之间几乎没有交流，很容易造成懒政与惰政等现象。如何解决这个问题呢？

2019年，浙江省政府上线了全国首个"互联网+督查"平台——"浙里督"，通过绩效画像、政创空间和网络投票等通道，实现了公众参与政务督查。

其中，绩效画像不仅是针对部门的绩效考评分值图，也是部门与公众沟通的手段；政创空间类似于众创空间，不只是一个晒成绩、晒创新的秀场，还是政府内部的知识更新和服务机制；而网络投票也从单纯的信息传递转换为公众参政议政的社区。

"浙里督"是"互联网+政务"领域的"售后"管理。它将政务督查这一"问责型"的考核动作,转变为一种政务服务创新模式,让政府、公众和企业通过服务创造更多的价值。

未来,以"浙里督"为代表的自愈型政府该如何发展呢?

首先,"高清化"将成为在线督查的基本标准,对重点督查的工作进度可以实现全流程的高清化在线跟踪,明确用户预期是提升用户信心、消除焦虑误解的有效方式。

其次,"纵深化"应该成为部门绩效画像继续深度创新的选项,不仅要实现分类指标的评分,更应该提供目标评分的重大失分事项或得分事项的数据关联,并且能够实现单项指标的全省部门在线横向对比。

最后,"社区化"是保持平台活力的重要方式,对用户建议、评价与投诉等内容的精细化运营,从单纯的信息传递转换为公众参政议政社区,这样或许会更有思想。

对于"浙里督"而言,思想存在于信息交互、数据流动中,存在于公众参与投票、评价与投诉等产生的认知盈余中。或者说,"浙里督"平台本身就是思想。

数据治理这道难题

对于政府的行政管理者而言,行政的服务属性在近几年发展中异常快速地成长,大厅受理、综合受理、最多跑一次、一网通办等百花齐放,新技术的助力也或多或少提升了政府的协同性,让政府内部的玻璃门逐渐熔解。

因此,有人把数字政府比作一辆马车,技术和协作就是它的两个轮子。但是,马车只有两个轮子是跑不起来的,数字政府还面临哪些更深层的问题呢?

第一,事权数字化运营水平相对较低。

事权是政府在公共事务中应承担的职责,它的数字化运营存在不少难题。比如,目前仅要求各网同源,从名称和指南要素上实现多源统一,但申请材料目录编码、标准证照目录编码都分头行进,与事项并未形成稳定的衔接,因此事项每次调整变化,都意味着后向支撑系统需要全部调整，造成各级政府行政资源和资金的浪费。

从政府行政层面出发，事权的数字化运营应当确定更精细的数字化规则，以此驱动后向各类行政行为的链条化和数字化。

在这方面，广州就做得很好。比如在地理信息系统的编码方面，通过数字广州基础应用平台，对地图各类元素的编码标准化，如"四标四识""多规合一"和"工程建设多图联审"等，可以直接满足后向应用系统的快速应用，与地理信息地图实现双向更新。

除了事权数字化运营之外，规则行为数字化的建设是第二个问题。

从某种意义上来说，政府工作人员已经被数字化，比如发展和改革委员会市场处副处长 A，他的个人信息已经成为一段数字代码，虽然有组织机构，但 A 在行政行为过程中的沟通、协调和组织等大量行为规律没有数字化。

就像淘宝的"猜你喜欢"功能一样，实现行为规律的数字化。一方面可以提升管理者对执行者行为的了解程度；另一方面也能有效地显现执行者的行为工作，实现双重促进。

数字政府建设的第三个问题，则是新技术难以与数据治理相匹配。

比如，2019 年全国政府开放数据集总量达到了 62801 个。虽然体量庞大，但还欠缺有效的数据清洗和质量检查，大数据建模运算不太容易适配。据《美国信息管理杂志》估算，美国每年因劣质数据造成的损失高达6000 亿美元，包括数据错误引起的医疗事故、电信设备故障延误，以及公司缺陷数据引起的财政损失等。

开放不等于高质量。数字政府要培养标准数据的生态，从一开始就和新技术结合，在发挥社会和经济效用时，还要避免隐私和安全的问题。

作为 21 世纪政府的生命线，数据是帮助政府管理其信息资产全部价值的关键因素。对于中国而言，正如历史学家黄仁宇所指出的，传统中国社会缺乏"数目字管理"，造成国家和社会管理模糊杂乱，数据能力和素质的缺失是中国的软肋。因此，利用好政府的数据运营和治理，对于中国数字政府的建设具有重要指导和借鉴意义。

第二节 谨防数字政府"创新悖论"

对于数字政府而言，以新一代信息技术为代表的技术创新就像一把双刃剑，用得好可以解决老问题，用得不好就会出现新问题。技术和创新是无罪的，因此数字政府出现的创新悖论，成为一个我们不得不关注的问题。

构建数字政府的三个技术闭环

早在 2003 年，中国电子政务建设就提出了"两网一站四库十二金"的指导意见，用以加快建设政府政务的平台化和网络化。

其中，"两网"是指政务内网和政务外网，"一站"是指政府门户网站，"四库"是建立人口、法人单位、空间地理和自然资源，以及宏观经济四个基础数据库，"十二金"则是要重点推进办公业务资源系统等十二个业务系统。

经过十几年的建设，政府机构实现了互联网基础的建设，在云计算、大数据和人工智能等新技术的影响下，政府开始进入信息化基础架构的升级阶段，各类创新应用也接踵而来。

比如在云计算方面。由于政府部门专业 IT 运维人员编制不足，法律法规限制较多，通过使用云计算不仅能降低投资成本，而且可以实现 IT 系统的智能化运营，提高政府服务于公民的效率，从而提升政府的公众形象。

温州市地铁 S1 线一期工程就采用了国内首个云计算构架的综合监控系统。针对业务量大的车站，可以在典型资源配置基础上，动态增加

CPU、内存、磁盘空间以及网络等资源,有效地提高资源的利用效率。以前需要几十个机柜才能部署的设备,采用高度融合的云平台后,只需要几个机柜就能满足业务要求。

此外,大数据同样也发挥了作用。大数据时代的公共服务和社会治理,已经脱离了依靠人力和少量数据进行分析、评价的阶段,而是通过大数据分析软件、工具与平台等开展智能服务供给工作。

河湖水污染一直是政府治理的重点,来自四川成都的数之联,通过卫星遥感技术,定位疑似的高泥沙和过氧化水体,再利用无人机摄像头和水体传感器,对水质数据进行精准监测,智能化地评估出污染源和污染程度。

还有人工智能同样炙手可热。目前,虽然政府智能办公尚处于起步阶段,但随着人工智能的普及和深入人心,已经在虚拟政务助理、智能会议、机器人流程自动化、公文处理以及辅助决策等领域得到应用,有效提升了政府效能和服务能力。

比如科大讯飞提供的 AI 政务机器人,既可以在政务大厅中实现迎宾、咨询、业务引导和办理等功能,也可以在呼叫中心或电话服务系统中提供基于语音和文字的智能自助服务。

云计算、大数据和人工智能是构建数字政府的三个技术闭环。云计算为大数据和人工智能提供了计算基础,大数据为人工智能和终端应用提供了数据分析,而人工智能又为云计算和大数据的自动化运维提供了支撑。

技术创新背后的担忧

新一代信息技术带来了政府治理的改革,是对权力的重新分配与权力运行流程的重塑,是政府机构和人员的职能分工与服务供给关系的改变。因此,政府服务的技术创新也带来了三个普遍的担忧——是取代公务员还是创造新岗位? 是抹杀公平还是创造公平? 是降低服务温度还是提升服务温度?

我们先来谈一谈第一个问题。首先,公共事务绝不是个人私欲的载体,因为公共事务的服务对象是别人而不是自己。经济竞争则正好相反,在这个场景下每个人追求的正是个人利益的最大化。另外,公共事务的本质是要维护某种秩序,所以更多的是例行公事,而不是创新创造,这就与工厂流水线的工作一样不适合人类。

所以,从欲望扩张和例行公事两个角度来看,公共事务更适合被新技术所取代。从目前的情况来看,云计算、大数据和人工智能会取代一些文员的工作,比如拍照、填写、复印和保洁等,但最终这些技术就像电脑一样,成为提升公务员能力的工具。

对于人与机器共存的问题,著名历史学家、畅销书《未来简史:从智人到智神》的作者尤瓦尔·赫拉利曾经提出这样一个观点:政府应该向控制算法和机器人的企业征税,再用这笔税金对公民进行补贴。其实,人机协同是数字政府的趋势,公务员应该考虑与云计算、大数据和人工智能之间的关系。

新技术不会取代公务员。那么对于政务治理来说,新技术如何保障公平呢?

我们知道,云计算、大数据和人工智能等技术,可以消解人的主观性所造成的治理不均衡,也可以消除暗箱操作与潜规则。但是,当机器学习和数据驯化加速,这些技术优点也许会成为新的麻烦。

比如,对官僚系统积弊的自我学习,可能导致将潜规则升级为一种明规则,这将极大地损害政务服务生态。那么,我们是否需要"机器人工会"对机器人的权益进行保护? 是否需要"机器人夜校"对新的工作规范进行定期输入? 是否需要"机器人纪委"对违规操作的机器人进行下线处理? 这些的确都是值得深思的问题。

另一个更重要的问题是,新技术是提升服务温度,还是降低服务温度呢?

2018 年就发生了一起政府官方微信怼人事件。池州市贵池区官方微信平台在给群众回复时,说出了"你不说话没人把你当哑巴"等雷人话语,背后的原因是使用了一款名叫"小黄鸡"的智能回复软件,由此造成了严重的政民矛盾。

在改善政民关系上，云计算、大数据和人工智能等技术，主要体现在反馈的及时性和标准化上，但如果这种"标准化"存在人性化的缺陷，那只会有损政民关系。

按照《三体》作者刘慈欣的说法，机器可以是有情感的，只是机器的情感本质上也是一种算法和数据的抽取，是一种数字化的匹配，是通过精确计算后的结果，而非偶发性的自然流露。如果是这样，那么情感又有什么意义呢？

所以，技术只是一种工具，它带来的是政府机构和公务员在服务供给上的改变。

数字政府的下一步

在新技术的武装下，数字政府未来将走向两个趋势：

一是公共服务的"软化"。当机器与算法更好地感知与匹配人的需求，我们面对的将不再是用户界面、终端和流程这些冷冰冰的服务，而是更人性化的体验。

二是社会治理的"锐化"。"锐化"是通过机器学习和数据挖掘，提升对社会问题的捕捉与感知能力，当政府机构在治理社会问题时，能够更精准且高效地进行处置。

面对这样的趋势，政府应该更多考虑下一步"由谁来以怎样的方式提供服务"，人不是唯一的选项，机器也承受不了过度的期待，人机混合的"AI+政务"必然是大势所趋。

在数字政府的建设上，中国目前取得了可观的成绩，国际排名名列前茅。在腾讯公布的《数字中国指数报告 2019》中，除了北京、上海、广州、深圳之外，西部双子星成都、重庆表现突出，分列五、六位，与位居七至十位的东莞、长沙、郑州和杭州构成了数字城市的第二梯队。其中，在数字金融、数字零售、数字文娱和数字商业服务板块，重庆表现抢眼，成为中国数字政府的创新范本之一。

不断落地的云计算、大数据和人工智能平台，为数字政府的发展提供了丰富的创新养料，除了推进政府效率和公共服务质量之外，还优化了中国的营商环境，并有效构建起适度性的政府规模。

目前，中国的营商环境属于经济社会发展的一个短板。根据 2019 年世界银行公布的数据，中国营商环境的世界排名位列第 46 位，与全球第二大经济体的地位极不相称。在国际贸易摩擦频繁、经济下行的巨大压力下，利用新技术改善营商环境成为数字政府的重头戏。

从 2017 年开始，上海市政府将 1274 个事项接入"一网通办"政务服务网络平台，通过简政放权减少流程环节，利用大数据提升政务服务效能，给企业带来巨大的利益。比如特斯拉上海超级工厂，从奠基到预备生产只花了 10 个月的时间。

2019 年世界银行发布的《全球营商环境报告 2020》显示，上海在开办企业、获得电力、施工许可、跨境贸易和登记财产等以地方事权为主的评价指标中，办事环节平均压缩了 30.5%，办事时间平均压缩了 52.8%，成为通过新技术改善营商环境的标杆。

另外，新技术还有效构建了适度性的政府规模。

现代政府治理模式变革的一个重要板块，就是如何构建适度性的政府规模。中国经过了 40 多年的改革开放，政府也进行了 7 次机构改革，虽取得一定成果，但如何构建适度性的政府规模仍然是中国政府治理模式变革层面的痛点和难点。

通过大数据整合和分析，可以为政府提供更具前瞻性、创新性的决策方案。比如，把管理者从简单的劳动中解放出来，除了可以降低人力成本之外，还可以让管理趋于扁平化，并打破以往的行政壁垒。

美国宾夕法尼亚州连接起五大湖区和大西洋港口，巨大的运输压力不得不配备大量的公路养护管理员，让交通运输部在管理时感到为难。特别是工资单的管理，过去人为操作电脑的方式，常常达到 84% 的错误率，一些办公室职员把四分之三的时间都花在处理工资问题上。

为此，他们开发了一款管理工资单的移动应用程序，让公路养护管理员能够在自己的手机上操作，而不是向工资部门提交书面文件。新的精简操作不仅让管理扁平化，还能每年为交通运输部节省 750 万美元，减少了人力成本。

不过,面对眼花缭乱的新技术,数字化转型时期的政府也需要谨慎对待。一方面,需要应对新技术对业务的冲击,以满足时代变迁与用户需求;另一方面,需要对新技术具备的理性和成熟度进行判断,对技术厂商的解决方案进行优选,防止被新技术带入"创新悖论"。

第三节　"区块链+政务"如何产生化学反应

对于数字政府而言,数据是生产资料,新技术是生产力,区块链是生产关系。

中心化与去中心化

在"区块链+政务"结合的过程中,实际上也存在着一个悖论,那就是中心化与去中心化。

一方面,政府是天然的中心化管理机构,不可能接受完全去中心化的业务流程重塑。再加上去中心化的共享数据,可能涉及国家安全和公民隐私,存在严重的安全隐患。

另一方面,在建设数字政府时,政府模式需要从部门形态向平台形态转变,进而实现跨省市和跨部门的一站式政务服务。在这个过程中,去中心化又是必不可少的环节。

那么,有没有办法可以兼顾两者呢?

早在 2017 年 7 月,北京就出台了《推进政务服务"一网通办"工作实施方案》,明确提出将区块链技术应用于政务服务。这也是区块链技术首次得到地方政府的肯定。

相比于传统政府体系,基于区块链的数字政务平台,赋予了政府数据安全保密、不可篡改、可访问和无第三方等特性，具备点对点加密传输、智能合约快速审批，以及公共账本透明可追溯等功能，打破了中心化与去中心化的悖论。

以旧城改造为例，如果走传统程序，需要经过城管部门、消防部门和城建部门签字盖章，最后再交到开发商手上，整个过程需要花费一年半时间。被区块链改造后，在项目开展前创建分级管理权限，通过智能合约自动分发信息，多方在线实时审批信息，整个流程半年即可走完，同时提升了信息透明度和可溯源性。

正如工信部信息中心在《2018年区块链白皮书》中提到的：采用区块链技术，政府部门可放心授权相关方访问数据，并对数据调用行为进行记录，出现数据泄露事件时能有效精准追责，由此为跨级别、跨部门的数据互联互通提供可信环境，提升政务服务的效率。据全球著名咨询公司埃森哲2019年的统计，区块链的应用将为政府监管降低30%～50%的成本，并在运营上节约50%的成本。

区块链政务可行吗

时至今日，区块链政务应用涉及了司法、税务、监管和不动产等八大类30个细项，特别是在数字身份、数据共享和电子票据三个方面，在市场上的可行性已经得到了充分验证。

大家有没有遇到过这样的尴尬？在开各种证明时，需要"证明我妈是我妈"。如果使用区块链技术，就可以得到不可篡改的数字身份。

数字身份作为区块链在政务领域落地的主要场景，是一个典型的"管控中心化、业务去中心化"的场景。管控中心化是指政府部门通过集中管理公民的数据资产，保证数字资产的可溯性和延续性。业务去中心化是指公民数据通过区块链技术，在各个部门进行打通，比如当公民忘记了密钥时，可以通过身份认证重新申请新的密钥。

地处河南东北部的兰考县曾是国家重点扶贫县。2016年，兰考县成为全国第一个国家级普惠金融改革试验区，政府打造了区块链平台"链信通"，构架了多维度的大数据信息库，并建立了兰考县85万人的数字身份。

有了数字身份后，兰考县居民用信，就是一个"票据通证化"的过程，合约执行也不再受人为因素影响，可以更加快速、低成本地贷到普惠金融的贷款。

在数据共享方面，住房公积金数据的上链共享最为广泛。2018 年，海南省采用了蚂蚁金服区块链研发的"联合失信惩戒及缴存证明云平台"，实现公积金黑名单和缴存证明的跨地域共享。

引入区块链技术之前，在海口的居民要到三亚贷款买房，就要在海口和三亚两地来回办理公积金缴存证明，周期较长；引入区块链技术之后，居民的缴存证明实现编码上链，在支付宝里就可以申请查询和验证，效率更高。

除了数字身份和数据共享之外，区块链又如何影响电子票据呢？

一直以来，我国采取"以票管税"的税收征管模式，需要用繁复的技术手段确保电子发票的唯一性，这在无形中提高了社会成本。另外，广泛应用的电子发票，暴露出监管、使用和数据共享的问题，最典型的例子就是重复报销。如果使用基于区块链的数字发票系统，就可以追溯发票的来源、真伪和报销等信息，解决发票重复报销等难题。

2018 年 8 月，深圳开出全国首张区块链发票。一年多时间过去，深圳已开出超过 600 万张区块链电子发票，累计开票金额达到 39 亿元。

同年，航天信息打造了数字发票联盟链，其中汇集税务机关、第三方服务平台和各大企业，对数字发票的开具、流转、报销和存档全流程进行管理。此外，由于区块链系统具有不可篡改性和确权性，因此可以授权第三方服务商向社会公众提供查验接口，获取区块链上的发票数据。

当然，除了数字身份、数据共享和电子票据之外，区块链在政务领域的应用，还可以涵盖电子存证、产权登记、工商注册、涉公监管和行政审批等诸多场景。不过，放眼全国政务体系，区块链应用目前尚处于小步快跑的试验阶段。如果要进一步更广泛地应用落地，则需要制度创新与技术创新高度融合。

代码即法律

对于探索制度创新与技术创新的融合，区块链其实也提供了一个非常好的理念，那就是"代码即法律"。

什么是代码即法律呢？美国宪法学者莱斯格在著作《代码即法律》中指出，代码是互联网体系的基石，它有能力通过技术手段规范个人行为。

我们知道，区块链讲究的是多中心化，分布式存储让信息被记录到无数的网络节点，所有的流程都是按照事先达成的共识机制去执行，不存在人为干涉的可能。这就是一种典型的代码即法律。

因此，政府借助区块链技术，将治理规则写入智能合约中，然后依据程序代码去执行，而程序代码又是开源的，所有人都可以查看。这样就可以摒除人性的介入，让政务流程变得透明和公平。

代码即法律特别适用于涉公监管。

比如政府资金要专项专用，更要搞清楚来龙去脉。放到工程项目中，如果资金去路不明，则有可能导致违约转包或责权不明。如果资金被挪用，则会导致工期延误、工程质量存在隐患，以及造成工程欠薪。

为了解决这些问题，雄安新区在建设过程中，引入了工程资金区块链管理平台。该平台为建筑产业链上的各法人主体提供数字身份，将工程流程写入智能合约中。待工程启动后，各主体都需要用私钥对资金流通进行签名，并且在链上进行广播，让所有人看到工程款项的流通情况。

此外，作为涉公监管的另一个重头戏，扶贫同样在被区块链改造。

国内首个由政府支持的"区块链精准扶贫"项目，落地在贵阳市的红云社区。该项目通过一套"助困工作区块链数据存证系统"，可以将贫困户的身份信息、扶贫助残服务信息，以及扶贫款流向信息，以哈希值的形式记录在区块链上，以解决扶贫机构与扶贫对象之间的互信问题。2018年8月，第一笔157万元的扶贫资金就是通过助困工作区块链数据存证系统发放到位的。

与扶贫类似的慈善业，信任同样是困扰从业者、捐赠者与受捐者的一大难题，而区块链技术正好提供了以低成本塑造信任的解决方案。

早在2016年7月，蚂蚁金服就开发了第一个区块链公益应用——"听障儿童重获新声"公益善款追踪项目。该项目内的每一笔善款都可被全额追踪，而捐赠者则可以在蚂蚁金服区块链公益平台上，随时查询项目筹款情况及善款使用情况。

司法是代码即法律的另一个应用范畴。

在区块链技术出现之前，电子合同行业使用的签名证书，大多通过具有公信力的CA机构签发，签署时需要通过电子签名、时间戳等技术对签署主体进行身份识别，防止合同篡改。

在区块链技术出现后，电子数据的生成、收集、传输、存储全生命周期，都可以借助区块链多方见证、不可篡改的属性，实现数据的安全防护，使电子证据的保全成本大大降低。

因此，区块链已经成为有效增强电子证据可信度的工具之一，逐渐获得了各级人民法院的认可。

2018年6月，杭州互联网法院宣告审结区块链电子证据"第一案"。在该案件中，原告通过第三方存证平台，对侵权网页实行了自动抓取和源码识别，以哈希值的方式存储在区块链上，这一证据成为本案侵权认定的重要依据。如今，区块链已经被广泛应用于知识产权案件中的数据存证环节。

尽管已有一些应用落地，但"区块链＋政务"未来还要翻越两座大山：一是服务对象的特殊性。政府作为特殊机构，各部门之间权责不完全清晰，数据也十分敏感，因此在立项和验证时需要格外谨慎；二是区块链技术本身尚不成熟。比如一些底层系统，由于逻辑较为简单，智能合约功能并不完善，导致难以适用于实际的政务场景。因此，目前大多数的政务区块链项目中，区块链仅被当作"分布式数据库"使用，各个节点对于公共账本的数据形态还没有共同维护的能力。

第四节　微创新和小趋势，数字政府如何迭代

政府数字化转型是一个循序渐进的过程。从互联网时代到数智时代，政府形态也发生了巨大变化，从封闭变为开放、从部门协调变为整体协同、从手工作业变为数据智能。

到 2019 年，数字政府领域有三个数据刺激着我们的神经：一是在线政务用户数量剧增，许多省市都在大力推动数字身份，比如新冠疫情期间上线的健康码；二是办事时间逼近逻辑极限，深圳市政府就在全国首先推出了企业"秒批"系统；三是项目金额巨大，华为中标 27 亿元东莞"数字政府"项目，各地过亿级的数字政府项目也先后浮出水面。

从理性到感性

数字政府已经进入百花齐放的阶段，接下来又将会有哪些微创新与小趋势呢？

第一个趋势，就是政府服务的重心将从"理性数字"进入"感性体验"。

过去几年，各地政府围绕数据做文章，很多项目过度推行数字化，导致"一件事""跑零次""无证明办事"等改革开始变味。如果不加以遏制，最终会放大为"数字形式主义"的不良影响。那么，如何改变这种现状呢？

2019 年，国务院办公厅提出建立全国一体化的"好差评"制度，政务服务绩效由企业和群众评判。上海随即上线"一网通办"的"好差评"制度，要求全市所有政务服务全部纳入评价范围。无论线上线下，群众都可以凭感受对政务服务打分并留言。

江苏省首先建立了"好差评"三大支撑系统。一是评价采集系统，包含线下采集渠道、线上采集渠道与"12345"政情民意分析平台；二是评价管理系统，集成开发指标管理、窗口管理、督办优化、二维码管理、异常处理、接口管理和系统管理等功能；三是效能分析系统，通过大数据和重点专项监督，实时量化分析跟踪，形成各类可视化主体，对内督办促进服务质量提升，对外发布提供社会监督。

服务过程的效率、态度、氛围、情绪和感受等多维度因素，成为当下评价数字政府建设成效的重要转变。"好差评"制度的推广，标志着数字政府建设进入体验时代。

另外，这种感性体验还衍生出政府部门从"产品思维"到"爆品思维"的变化，即以"交付即结束"为目标的项目化建设思路，替换为以"交付即开始"的产品运营思路。要在数字政府领域落地"爆品思维"，有三个方向值得参考：

一是突围新的政务服务品类。目前，个别服务门类改革创新已接近极限，再往下探索往往变成"数字游戏"，如何通过数据和"好差评"制度来发掘新的数字政务服务品类成为关键。

二是寻找新的政务体验模式，除了"免证办""免跑腿""免费用"之外，还要思考哪些体验模式可以被新技术所激活。

三是打造新的生态协作方式，在与银行、电商和生活服务等平台进行合作时，需要有深度地将服务、监管、治理融合进数字政府生态。

在开放中创新

对于以体验为导向的数字政府，在从头部省市推广到区县的过程中，出现了第二个趋势，那就是"头部规划"向"腰部创新"转型。

"头部规划"是数字政府推广的基本方式，通过国家和省市级层面，统一进行顶层设计和集约化建设。但是，用户接触最多的，还是区县数字化应用，基层也更懂用户的数字服务需求，因此出现了"腰部创新"。

比如，"粤省事"是集成民生服务的微信小程序，也是广东数字政府首个改革建设成果。在从省市推广到区县的过程中，肇庆市就根据本地的经商氛围,在"粤省事·肇庆行"小程序上,开通了工商登记和营商环境测评,受到当地群众的赞赏。

放眼全球,世界各国在数字政府建设上会有哪些变化呢?

从全球数字政府的发展来看,我们可以得到这样一个结论:基于数字平台的行政服务能力,数字平台正在成为一种国家资源与竞争利器,数字政府的模式正在从"数据开放"发展为"平台开源"。

2019年4月,爱沙尼亚政府就打出"政府即服务"的标语,公布了开放源码的解决方案,开放除网络安全之外相关的所有数字政府程序。到目前为止,爱沙尼亚通过区块链整合平台X-Road,实现了与芬兰、冰岛、阿塞拜疆和塞浦路斯等国家的数据共享。今后,你可以在芬兰的药房里,使用由爱沙尼亚医生给出的数字处方。

对于一个国家或政府组织而言,开源思想已经在逐步替换竞争思维,改变传统国际合作方式。数据开放的意义和价值,在于推动政府数字化转型的同时,激发社会创新活力,推动创新公共管理与服务方式。而"平台开源"的意义和价值,在于拉拢更多数字时代的国际盟友。

值得大家注意的是,数字政府的快速发展,正在带来一种附加效应,集中体现为供给能力的不均衡。

过去较长一段时间,中国数字政府的顶层设计,多以解决"服务入口"为主,比如各种PC端、移动App、微信小程序和自助机等,导致这几个用户场景被大量挖掘甚至透支,不能满足群众在更多场景下的需求。

从"入口盈余"到"场景饥渴",有没有什么解决办法呢?

第十二届全国政协副主席、国家电子政务专家委员会主任王钦敏曾提出,数字政府需要培育一批"经纪人组织",为连接政府数据资源与公众数据内容服务。

什么是数字政府的"经纪人组织"呢?经纪人组织应该是未来政务服务的流动者,一方面可以接收来自公众一线的服务诉求,另一方面可以根据服务诉求,针对数字政府应用进行不断打磨和塑型,避免出现功能体验与需求错配,导致"僵尸App"现象。

数字阳光工程

在数据资产化的当下，为用户在信息丛林中制定"隐私宵禁"，是数字政府的另一个重要趋势。

不可否认，人类社会已经产生了"数字鸿沟"，最直接地表现为从获得的不平等转变为使用的不平等。在没有建立网络安全与隐私规则的前提下，"信息丛林"里的初级用户被各种非法贷款、炒币机构和黑产平台轻易猎杀。

"51公积金"App是一款个人公积金信息管理平台，通过爬虫技术获取用户公开的公积金相关信息，平台超过70%的收益依靠现金贷。许多用户并不清楚，国家鼓励第三方平台为公民提供便民服务，但是将个人敏感信息当成商业数据资产进行交易，必须要有风险评估与市场准入设置。而"51公积金"因为没有相关资质，已经被多次勒令整改。

而另一款名为"艺术升"的App，号称与"八大美院"合作，掌控着全国美术院校学生报考的在线入口。作为一种公共服务平台，商业化却无孔不入，在报考关键时刻，完全毫无应对突发事件的预案，不仅系统崩溃、乱码频出，而且设置高昂的基础服务收费门槛，导致诸多考生怨声载道。

2019年12月，国家互联网信息办公室、工业和信息化部、公安部和国家市场监督管理总局联合制定了《App违法违规收集使用个人信息行为认定方法》，针对个人隐私信息和数据无序利用的行为实施"隐私宵禁"。可以预测，接下来所有的政务服务平台，都需按照法规更新个人信息收集规则，而用户也会在这样的环境下越来越成熟与理性。

随着数字政府的加速发展，在十九届三中全会通过的《中共中央关于深化党和国家机构改革的决定》中，提出了要制定利用互联网、大数据、人工智能等数字技术参与行政管理的制度规则。

从传统的观念来看，政府的信息公开是围绕《中华人民共和国政府信息公开条例》要求，在指定平台与载体公开的法律、法规及相关文件内容。随着数字技术的深度渗透，数字政府建设的信息公开应该包含利用数字技术进行政务服务、治理与监管的机器算法。"算法公开"是公民知情权的一部分。

2014年,美国圣迭戈开始了"智慧路灯"计划,通过安装4000个带有无线网络连接的LED路灯,实现远程控制和监控街道照明。不仅如此,圣迭戈政府还将这些路灯进行智慧化改造,加装了摄像头、Wi-Fi、麦克风和可以测量温度、气压、湿度甚至磁场的传感器,实现对停车位、犯罪活动和空气质量的监控,构建起一张智慧城市的物联网。

"智慧路灯"计划虽然好处众多,却遭到了许多市民的反对。他们认为,智慧路灯收集行人移动数据,是一种侵犯人权和隐私的行为,这些数据的监管和使用情况令人担忧,因此将圣迭戈政府相关部门告上法庭。

在国内,同样也存在对数字政府项目的质疑声。2019年,浙江理工大学特聘副教授郭兵控诉杭州野生动物世界,指责杭州野生动物世界擅自升级年卡系统,通过人脸识别强制收集用户的生物识别信息,侵犯了公民的个人信息。无独有偶,来自清华大学的劳东燕教授,对北京地铁计划使用面部识别技术进行分检同样提出了质疑。

其实,这些争议背后的核心只有一个,那就是算法不透明,数据去向不透明。解决这个问题,需要通过法律来保障公民的数据知情权,才是真正的"数据阳光工程"。

从用户体验与腰部创新,到平台开源、场景饥渴、隐私保护和算法公开,数字政府未来的微创新与小趋势,离不开技术创新和制度创新的融合,更离不开人们对智慧政府的需求与诉求。

9

金融科技：另一维度看金融

第一节　从金融到科技金融，改变了什么

毫无疑问，金融领域是数智时代变革的桥头堡，金融科技也被视为金融领域未来十年最主要的发展方向。从这一节开始，我们将一起探讨：数智时代将为金融领域带来怎样的新变化与新机会？

早在 2009 年，大名鼎鼎的花旗银行曾提出一个目标——要重建自身的创新能力。那时候，用户眼中的花旗是一个非常"守旧"的银行，不愿意尝试芯片式银行卡。为了扭转市场对花旗的固有印象，他们决心要进行创新和改革。彼时，花旗首席创新官霍普金斯说了这样一句话："要让创新成为花旗内部可重复和可持续的系统和文化。"

在接下来的一段时间里，霍普金斯带领团队先后提出了六大未来金融创新方向，分别是数据分析、数据货币化、移动支付、安全认证、新兴信息技术和下一代金融科技服务。如今，回过头来看科技对金融的改变，正是沿着这六大方向逐步深入的。

金融科技 VS 科技金融

相信大家注意到了一个细节：金融科技和科技金融，为什么说法不一样？

其实很简单，把谁放在前面，就强调谁的重要性。科技金融更加强调科技的重要性。科技创新者们向来比较认同科技对传统金融体系的颠覆作用，想用新兴技术将传统金融服务取而代之。

相反，花旗银行将金融放在科技前面，是因为在他们看来，科技是服务于金融的。不管未来技术怎样变，都无法改变金融的主体作用。这是

以前非常主流的"科技工具论"观点。

原因不言而喻，早在 2007 年以前，金融与科技的边界是非常清楚的。在许多传统金融行业的从业者眼里，科技就是一种技术支持能力而已，除了能增加机构的运转效率之外，其他什么都没有改变。

2008 年，比特币突然面市，与此相关的区块链技术也在全球引发轰动，随即在金融领域掀起一场足以撼动固有结构的革命。撼动源于两个方面：一是原来独有的中心化信用体系不再被追捧，反倒是分布式信用体系多了一大批拥簇者；二是以人为主体的金融决策制度，彻底变成了基于大数据分析的辅助决策。

虽然只有两点改变，但随之而来的是金融产品、交易模式、组织形态和金融监管的调整。这已经不是简单地"更新"了，是完全的重构。

沙盒里的监管新模式

在一个蓬勃发展的金融市场里，金融监管和金融创新永远是交替升级的。

也就是说，只要市场上有新的融资需求，就一定有人会想办法创造新的金融工具，而新的金融工具一定会受到火热的追捧。随着新的金融工具无限扩大，必然会造成不可控的风险与危机，进而被限制和监管。

比如现在，很多年轻人都用过互联网金融公司的小贷产品。这些小额贷款产品凭借科技能力的加持，让小额贷款的审批在毫秒间就可以完成。然而，一旦这个过程中间环节出现问题，监管是来不及进行干预的。

这也是为什么过去几年间，金融监管效果不理想的原因：一方面，众多新模式的涌现导致监管部门工作多、压力大；另一方面，科技带来的"加速"效应，让许多风险来不及识别就已经爆发了。

种种难题迫使金融监管必须做出改变，适应数字化和智能化时代的需求。目前，英国的监管沙盒是各界比较推崇的模式。

什么是监管沙盒呢？

现有的监管沙盒模式，是由英国的金融行为监管局首创实践，很快在国际上风行，被视作金融科技监管模式的创新。

简单来说，监管沙盒就是一个金融安全空间。在这个空间里，企业可以试运行金融科技产品，通过试错过程，及时调整产品设计，完全不用担心因为碰到问题而受到政府的惩罚。而监管者则可以在保护投资者权益的前提下，通过沙盒空间监测该金融科技产品的风险程度，决定它们是否应该投入市场。

沙盒模式是对传统层级监管的彻底改变，也是监管部门对金融科技的适应性转变。不过，企业想要进入监管沙盒中创新实践，也是有一定要求的。

首先，监管沙盒仅限创新产品参与。传统模式下的产品和服务应当服从现有监管规定，不能参与监管沙盒测试。所以，理论上想借助监管沙盒进行监管套利是行不通的。

其次，测试企业需提前制订退出计划，确保可随时退出测试，并实现对消费者的影响最小化。同时，测试企业要向用户告知新产品和服务的潜在风险，取得用户明确授权，一旦发生风险，要有能力做出补偿。

最后，监管机构会向测试企业出具"无强制行动函"。只要企业遵循事先约定，监管机构向企业保证不会"秋后算账"。

随着国内金融科技发展的逐渐繁荣，我国也开始尝试监管沙盒这一模式。就在 2020 年 1 月，央行宣布对六个即将纳入沙盒监管的金融科技业务，向社会公开征求意见。这是非常重要的转变信号，值得大家重点关注。

让数据"动"起来

从截面数据到动态数据，也是金融到金融科技的一大转变。

大家一定注意到，2018 年至 2019 年有一大批大数据金融风控公司突然冒了出来。

它们当中的大多数都是通过爬虫手段，将企业的各种数据扒下来，并通过分析和处理，成为自己风控产品的一部分。抛开这种行为是否合法的讨论，单靠历史数据就能判断未来的风控方式，与传统银行何其相似。

传统的贷款流程中，银行除了会对抵押物进行评估外，还会派风控人员对企业过去的数据进行考评和分析。导致的结果是，过去的数据成了是否贷款给企业的衡量标准之一。我们要知道，一个企业过去的静态截面数据是不能说明未来金融状况的。这些数据中掺杂了许多其他的客观因素，比如宏观经济、市场发展和消费者偏好等。

那么，真正意义上的金融科技，应该怎么做呢？

蚂蚁金服旗下的蚂蚁小贷，采取的是考评动态数据。当淘宝商家在蚂蚁小贷中贷款时，蚂蚁金服会收集商家一段时间的成交记录，并先打一部分款项给商家。在此后的过程中，还会随时监测店铺销售情况，以及与顾客的沟通情况，根据这些动态数据，再陆续将后续款项贷给商家。

不仅如此，经过一段时间后，所有商家的贷款行为又成了新的行为数据。这些数据帮助后台的决策系统不断迭代，然后再形成新的贷款标准。

企业端的金融数据创新同样可圈可点。重庆银行和成都数联铭品科技联合打造了大数据金融风控平台——HoloCredit，旗下最受欢迎的是针对小微企业授信的具体场景应用产品"好企贷"。"好企贷"通过采集税务、工商、司法等多维度数据，构建风险评价模型，实现了对小微企业的商业行为画像，将其进行分层，进而确定其贷款额度及贷款利率，从申请、审核到放款，企业可以在几分钟之内拿到贷款。

通过上面几个案例，我们发现人在整个贷款过程中的作用被大大弱化了。除了技术人员需要对系统参数和模型进行调整之外，不会再有其他人为因素影响系统的运转，有效避免了因员工疏忽大意和道德风险而造成的巨大损失。

日渐式微的信用中介

金融科技的最后一种变革，就是以区块链为代表的信用主体更迭。

招商银行曾在2018年的年报中写了这样一段话："过去10年，传统金融机构目睹了金融科技重新定义零售业务的全过程，从支付延伸到存贷款与财富管理，传统银行的中介职能受到深刻冲击，信用中介作用也面临威胁。"

这段话已经说明，信用重构是金融科技最近几年来对于传统金融最大的威胁。

蚂蚁金服与微众银行等一大批新型金融科技企业，在没有传统银行资源的情况下，成功探索出了一条自己的发展道路。它们提供了一种技术与思维方向，使得原来没有社会关系和信用积累的人，能够相互信任和交易。一旦这样的技术大规模应用，我们便不再需要中心化的信用主体，尤其是商业银行这样的机构。

很大程度上，金融行业的本质就是"做信用的生意"，担保、贷款、抵押等常见的金融业务，都是围绕个体的信用基础建立的。当信用中心体从传统金融机构逐渐转向金融科技企业，基于过往体系所建立的业务和模式便面临垮塌的风险。

如果把目光放得更远一些，同样的效应也许会蔓延整个社会和国家。一个国家的社会关系和组织形态，是基于信用而建立的。信用机制的改变，绝对会以牵一发而动全身的态势延展到每一个社会层面。尽管我们目前仍看不到明显的迹象，但谁又敢保证它永远不会到来呢？

除了信用中介地位的更迭之外，金融动态数据带来的信用资产化，也会逐渐取代商业银行的征信唯一性。支付宝有芝麻信用分，微信有微信信用分，它们都是利用互联网支付技术建立起来的信用系统。它几乎囊括了信用历史、行为偏好、履约能力、身份特质和人脉关系六大板块，形成了一套自己独有的评价标准。

信用卡还款、转账、理财、水电费缴纳与车辆违章罚款等诸多细节，能够较为准确地对一个人进行信用评价。它不但更为详细，而且覆盖了传统金融无法触达的草根人群。读到这里，大家大概能够想象，它对于传统银行具有怎样的威胁。

金融行业是社会经济的心脏与动脉，它的变革必然会助推社会经济的效率提升。以金融科技现有的演化速度，这个过程可能会来得更快。

第二节　天使或魔鬼：区块链再造金融科技

金融最大的成本是什么？

是资金吗？不是，金融最大的成本其实是信任。

在人类的金融史上，为了交易双方能够相互信任，发明出了许许多多的信用工具。这些工具存在的意义，本是为了金融交易可以顺利进行。但随着交易规模的不断扩大，交易种类的不断增加，信用工具也越来越庞杂，最终导致交易成本水涨船高。

具体表现在哪些方面呢？其一，金融票证造假严重，难以监管；其二，参与主体多，信息不对称；其三，交易周期长，透明度低。

经济学家科斯告诉我们：交易成本越低，市场配置资源的效率就会越高。

那么，该如何降低金融交易成本？这就不得不提到区块链技术。区块链客观透明、可以追溯、不可篡改以及保护隐私等与生俱来的特点，可以大幅降低金融行业在信用审查上的巨大花费。

所以，我们可以得出这样一个结论：金融与区块链天然匹配。

用区块链破除票证造假

商业票据验证手续非常复杂，这直接造成了业内"一票多卖"与票据造假等一系列问题。

2016 年 1 月，中国农业银行北京分行曾发生过一起轰动一时的票据窝案。事件的主要经过是，两名农行的员工私自将企业客户的票据交由第三者进行资金回购。这个第三者用票据二次贴现后的部分资金购买了大批理财产品，还将其流入股市中。后期，投资决策失败，资金无法归还，导致农行出现了 38 亿元的巨额资金缺口无法兑付。

究其根本，还是纸面票据固有缺陷造成的。纸票中"一票多卖"、电子票据中打款背书不同步的现象几乎无法避免。

那区块链能做些什么呢？

2017 年，浙商银行基于区块链技术上线了"应收款链平台"，用于办理企业应收账款的签发、承兑与质押等业务。利用分布式记账技术，浙商银行改善了传统应收款依赖于纸质票据的限制，不仅将纸质汇票电子化，还解决了防伪、流通和遗失等诸多老问题。

票据和区块链技术的结合，改变了现有的系统存储和传送结构，建立起更加安全的运行模式，从而解决伪造票据的问题。通过时间戳和可追溯的功能，区块链技术可以完整反映票据从产生到消亡过程中权利的转移，避免类似情况发生。

打造便利化供应链金融

参与主体多造成的信息不对称也是现有金融体系的一大问题，尤其是在供应链金融领域。

供应链金融是一种 ToB 的融资模式。依托"链中"的核心企业，用供应链交易过程中的应收账款、预付账款、存货为质押，给上下游的中小企业提供贷款服务。

目前，传统的供应链金融能够为核心企业的直接上下级企业，也就是一级供应商与经销商提供融资服务，因为他们与核心企业有直接的贸易往来，风险较低。

但是处在二、三级的供应商，因为本身跟核心企业没有直接的贸易往来，使得金融机构与其信息不对称，难以评估它们的信用资质，也就出现了融资困难的现象。倘若这些二、三级企业想要进行供应链融资，就有必要要求它与自己的下级或上级的供应商、经销商产生过实际的贸易往来，否则这条路行不通。

对此，贵阳银行依托区块链技术，开发了供应链金融平台"爽融链"。一方面，通过非对称密钥实现了多方业务的数据安全互换；另一方面，凭借区块链不可篡改与信息共享的特性，将真实的交易背景与债权债务关系，以电子业务凭证的方式进行体现，实现了业务凭证可随意拆分，可跨级流转。

这样一来，多级供应商凭借核心企业的信用获得优质的资金借贷，在供应链金融体系内大幅提升了资产与资金的流转效率。

创新跨境支付新业态

交易周期长、费用高昂和透明度低的问题，主要发生在跨境支付领域。

说起跨境汇款，大部分人的脑子里会浮现出这样的场景：去银行柜台中填写电汇票据，随后等待一周甚至一个月时间，钱款才会慢悠悠地到达，大型贸易之间的电汇时间也许还会更长。

的确，传统的跨境支付手续非常复杂，主要以第三方支付公司为中心，整个交易流程往往超过三天以上，并且会收取很高的手续费。

2017年，民生银行和招商银行先后提出了跨境支付解决方案，即用虚拟货币作为中介，将银行与银行之间通过数字身份在区块链上对接，从而实现跨境支付。以人民币为例，国内银行将人民币转化为虚拟货币，而在收款端的国外银行，则将虚拟货币转化为收款人所在地的货币，以此完成跨境支付。

区块链技术能避免交易周期长、流程复杂、票证造假，以及信息不对称、不透明等情况，在金融领域大有用武之地。

虚拟货币改良跨境支付

实际上，在经济全球化的大背景下，降低金融体系的交易成本成为各方争抢的热点。

比如"Libra 数字货币计划"，它的目的是通过安全、低成本和高效的方式，在全球范围内发送和接收付款。

与比特币和以太坊这种完全去中心化的数字货币不同，Libra 没有采用纯粹的区块链架构，而是组建了一个监管协会，最初由 28 家来自欧美国家的科技公司、电信公司、投资公司以及非营利机构组成，总部设在瑞士。

Libra 协会承诺，Libra 货币与现有货币挂钩，每创造一枚 Libra 货币，都会购买等量的一篮子现有货币，从而稳定 Libra 货币的价值，使其更适用于日常交易，而不是像比特币与以太坊那样带有强烈的投机属性。

这一切的核心，都是为了将 Libra 塑造为更加贴近常规的数字货币，以便规避传统数字货币的种种争议与风险。

然而，事实真的如此吗？

一套简单便捷的、无国界的数字货币，相当于一个为数十亿人服务的金融基础设施，这确实是非常巨大的刚性需求。但是，这样一个涉及全球金融体系的数字货币，如果被掌握在 20 多个来自欧美国家的商业巨头与非营利机构手里，则很有可能形成新一轮的数字货币霸权。

为什么会这样呢？

首要原因就是汇率风险。对于某些货币弱势的国家来说，向 Libra 开放大门，也就相当于将本国的"汇率遥控器"交给了别人。假如 Libra 来到津巴布韦或者委内瑞拉这种通货膨胀较高的国家，民众一定会尽可能地把本国货币兑换成 Libra，而该国的货币将会迅速贬值。这会导致低收入人群更加贫穷，进而拖垮整个国家。

币值稳定也是 Libra 的软肋。尽管 Libra 协会承诺 Libra 将与现实货币挂钩，根据 Libra 的发行数量，储备一篮子现实货币。但这里的储备就是将一篮子货币中的各个币种按比例储存，这其实是典型金本位发币思维。因为随着 Libra 开始兑换，各种法币数量就会发生变化，很可能导致比例失调，Libra 的价值也就无法稳定。

更可怕的是，Libra 这种"公司币"，一旦在市场上形成了收入与消费的流通闭环，将会在极大程度上冲击国家主权货币，冲击现有国家金融体系，影响国家货币政策和财政政策的实行。到那时，Libra 协会就成了一个辐射全球的国际大央行，而这个全球央行，既是裁判员又是运动员，拥有至高无上还不受约束的货币霸权。

就在 Libra 项目宣布之后的一个月，国际货币基金组织就发布了一份名为《数字货币崛起》的报告。这份报告发出重要警告：大型科技公司发布数字货币，可能出现行业垄断、威胁弱势货币、隐私保护与洗钱犯罪等各类风险，还会击垮现有的金融体系。

即便是在美国国内，Libra 也遭遇了来自监管机构与国会的双重阻力。没过多久，作为 Libra 协会的 28 名创始成员，PayPal、eBay、Visa 和万事达卡等电商与支付巨头都相继宣布退出了 Libra 协会。

看到这里，你也许会认为，新一代的数字货币就此偃旗息鼓了。

但事实并非如此。从货币发展演进的角度来看，随着经济全球化的不断扩张，必然会孕育出一种可以横跨国界、链接实体和虚拟之间的货币结算单位。

虽然以企业为主体的虚拟货币已经宣告失败，但以国家主权为背书的数字货币，正在成为新一轮的探索方向。在全球 25 家中央银行里，计划推出虚拟货币的央行有 7 家，尚在探索中的有 9 家，已发行的有 6 家，暂不考虑的有 3 家。

对于发达国家，虚拟货币的推出有助于其维护金融支付体系的安全性，在现金的流通减少已成为不可扭转的趋势下，一旦私人支付体系由于其自身信任风险或被黑客攻击而出现故障，将会对国家的金融市场产生巨大损失，严重威胁国家金融稳定性。

在金融基础设施欠发达的国家里，虚拟货币的优势将更加明显。它有助于提高金融支付系统的效率，提高金融普惠。对于受到国内通货膨胀、国际制裁等严重影响国内经济稳定的国家来说，发行虚拟货币是寻求破局的一种尝试。

2020 年 1 月，国际货币基金组织新任总裁格奥尔基耶娃表示，数字货币是 189 个成员国 2020 年的头等大事。包括中国在内的各国央行，纷纷开始尝试央行数字货币。相信不久的将来，央行数字货币时代就会到来。

第三节　从局限看机遇，金融科技如何迭代

2019 年，中国的金融科技行业重重地踩了一脚急刹车。

大数据与人工智能等新兴技术助推了中国金融科技行业的野蛮生长。高速发展的同时，也出现了种种乱象。比如，打着科技的幌子非法集资，非法爬取与倒卖个人隐私数据。

为了遏制这些不法行为，监管部门重拳出击，出台了一系列法规，整顿互联网理财与信贷平台，打击了一大批涉嫌非法行为的企业。然而，整顿带来的紧箍咒，很快蔓延整个行业，很多正常经营的企业，开始收缩业务，就连蚂蚁金服与京东金融这样的头部企业，也放慢了扩张的脚步，比往年更加低调。

面对这样的现状，我们不禁要问，到底是哪里出了问题呢？

技术与现实的脱节

实际上，到目前为止，金融科技已经取得了两个成就：一是利用互联网技术，让所有人都能享受线上金融服务，并获得了用户行为数据；

二是通过大数据技术，解决了个体信用的评级问题，从而实现消费金融的规模化。

这两个成就造就了金融科技行业的繁荣，但却没有解决技术进步与现实情况脱节的问题。而绝大多数的乱象，也正是因为脱节造成的。

首先最为明显的是技术与经营的脱节。比如许多爆雷的 P2P 平台，并不具备高质量的海量数据，以及有效的风险识别算法模型，更有甚者是抱着行骗的目的。这样的平台，只能通过提高预期收益获客，通过庞氏骗局拆东墙补西墙，最终漏洞百出而爆雷。

其次是技术与业务的脱节。理想情况下，技术为金融业务服务，金融业务反过来倒逼技术的进步，二者应该互为促进关系。可是，不少企业只是跟风布局，都奔着大数据、区块链与人工智能而去，不考虑技术与业务的协同问题，至于这些技术究竟能解决什么实际问题，能解决到什么程度，却没人能够回答清楚。

最后是技术与商业模式的脱节。尽管新兴技术层出不穷，但目前金融科技的商业模式却非常单一：要么把解决方案卖给银行，挣一笔服务费；要么则是拿到牌照，与银行一起做借贷业务。前者利润空间不大，缺乏可持续性；后者本质上与 P2P 没有区别，只是资金来源变成了银行，不但在技术与模式上都缺乏创新，而且还面临政策收紧的风险。

诸如此类的脱节，造成了金融科技行业目前的瓶颈。要知道，任何金融创新都必须建立在完整的金融周期上。而一个完整的金融周期，往往比经济周期要长很多，能够扛住周期的考验，才能算是一个成功的创新。

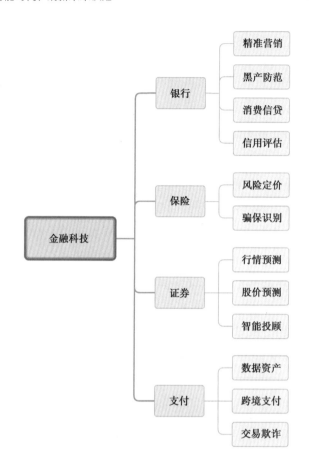

金融科技影响下的四个业态

那么，着眼于未来一段较长的时间周期，金融科技领域将如何迭代呢？

实际上，不管科技如何变化，银行依旧是金融市场的主体。银行与科技的结合，不但可以提升整个金融体系的效率，还可以起到示范作用，扩大技术的影响力。更重要的是，随着监管的不断严苛，金融科技领域可供野蛮生长的空间已经越来越小，所以满足银行的实际需求是留给金融科技行业最大的切入口。

围绕银行搞创新

进一步来说，在竞争日趋激烈的市场环境下，我们该如何切入，又如何找到新的蓝海呢？

首先，最安全可靠的路径，就是进一步延伸银行现有的应用。毕竟，这些领域已经得到了监管和行业的认可，并且可以通过技术提升，收获更好的体验。

智能客服就是很有代表性的场景。国内大部分银行的智能客服只能处理简单的问答，稍微复杂的沟通就必须转到人工回复。不但浪费了大量的人工成本，也降低了用户的服务体验。

类似的问题，还可以延伸到电话销售场景。把电话打给谁，什么时候打，销售什么产品，销售人员大都比较困惑，只能硬着头皮按照名单拨通用户电话，然后被粗暴挂断。

这一点上，我们可以借鉴英国知名的手机银行服务商——阿托姆银行。阿托姆银行彻底放弃了实体门店，全部采用线上服务。通过引入语义分析工具，并构建复杂的模型，可以让用户在5分钟之内实现端到端连接银行并开户，无须任何纸质材料。

更重要的是，阿托姆银行利用大数据系统，为电销人员提供了决策参考。比如，有些产品打两次电话容易成交，有些则发短信效果更好，有些则适合面谈。这些手段减轻了员工的工作压力，促进了产品的成交，非常具有借鉴意义。

除了延伸现有应用之外，我们还可以关注那些银行自身尚无能力解决的场景。虽然很多银行都成立了自己的技术团队，但他们对于技术的理解深度不足，导致"前线"和"后方"的割裂很严重，最终还是需要依赖外部的技术公司。

以业务流失预警为例。随着银行业竞争越来越激烈，小微企业用户在各个银行之间迁徙变得越来越方便。这种情况下，银行必须对客户流失进行提前预警。预警系统不但考验银行对数据的把控能力，同样也对技术研发提出了更高的要求，仅靠银行自己的技术团队难以短时间内完成。

德勤会计师事务所看到了其中的需求，他们提出的方案是，对一些交易行为进行分析，找到关键指标。然后通过这些关键指标，找到哪些部分是关键的流失节点，并用智能系统提出预警。这样来看，越是数字化程度不高的业务，就越是急需技术来提高效率。

如果说上面两个痛点还存在个性化差异，那么降本增效绝对是所有银行都面临的问题。在标准化极高的金融行业，用机器人部分代替，甚至是全部代替基层工作，已经成为业内共识。

2019 年，机器人流程自动化 RPA 突然火了一把。其实，RPA 早已不是什么新鲜的技术，它在 2012 年就被提出，用于解决企业的部分流程化工作。这次被再度提起，也是因为能够和 AI 深度结合，为银行降本增效。

这一点上，美国的纽约银行有所建树。他们在 2018 年就开始了 RPA 改造，主要用来优化交易结算流程。每次客户完成交易之后，机器人便可以对订单信息进行分析和差异纠错。要知道，人工处理交易错误往往需要 5~10 分钟，而机器人只需要 1~2 分钟。完成 RPA 改造后的纽约银行，交易错误率降到了十万分之一，而交易纠错率则提升了 88%，效果非常明显。

从上面的三个场景来看，银行对于科技的需求，从来没有减弱。但这些需求比较碎片化，而且需求周期很长，不可能在短时间内就爆发出来。这就需要我们长期布局，深耕业务，建立壁垒。

从金融普惠走向技术普惠

普惠金融这个词，我们每个人都不陌生。

它是指向小微企业、农民、城镇低收入人群、贫困人群、残疾人和老年人等特殊群体提供适当且有效的金融服务。然而，在金融科技发展的几年里，金融普惠一直在推进，但技术普惠这件事却遥遥无期。

一方面，我们确实看到了很大一批被传统金融机构"抛弃"的人群，逐渐得到了应有的金融服务；但另一方面，高额收益类产品，掩盖了大量的风险事实，不论是新兴互金平台还是传统金融机构，危机都愈演愈烈。

对此，全球知名会计师事务所普华永道合伙人张立钧，曾有过这样一番描述："我们的金融科技本来应该带来普惠，但现在真正的普惠效果还没达到，先达到的反而是普惠欺诈。"

张立钧所言不虚，不论是之前爆雷的 P2P，还是火热的"发币潮"、消费贷等，它们都收割了社会中金融知识弱势的群体。这些人群对所谓金融最基本的回报是无知的。

所以，先解决风险，再解决效率问题，是当下金融科技最主要的任务。一味追求低质量的普惠，不但没有太多价值，反倒会对社会和国家利益造成损害。

在这个阶段，金融科技想要达成普惠，显然不能像过去那样单一环节、单一场景进行，去做一点小额贷款业务。实际上，只有真正达到全链路金融科技技术服务，才能从各个方面解决金融普惠过程中的所有问题。

技术普惠层面，百度的"度小满"拥有全路链解决方案，覆盖了金融场景中常见的信用风险、操作风险和市场风险，非常具有代表性。

"度小满"的风控体系可以通过技术识别有还款能力和还款意愿的优质客户，并依靠人工智能系统，实时监测客户状态变化，避免信息滞后带来的风险。

而操作风险管理层面，可以帮助客户将前文中提到的 RPA 深入到业务流程的重要环节，如信审、客服和催收等，降低合作伙伴操作性风险。

最核心的要数市场风险，"度小满"为客户提供不同行业的区域监控，并针对金融普惠过程中常常出现的多头共债风险进行预警。值得一提的是，2018 年的 P2P 爆雷事件前一个月，百度的"度小满"就通过早期多头预警指标，快速侦测到了异常风险点，并通过百度大数据迅速描绘出人群画像特征，告知相关客户，快速调整了风险策略。

纵观金融科技发展的这几年，金融普惠一直在推进，但技术普惠却不见进展。此所谓授人以鱼不如授人以渔，只有技术普惠，才能达成真正的金融普惠。

比起广度来说，金融科技的迭代之路更讲究深度。它需要金融科技企业真正深耕进去，发现那些不为人知的痛点与难点，才是真正挣钱的金矿。

第四节　寻找金融科技新蓝海

金融科技领域还有创新机会吗？

2019 年严厉苛刻的行业监管，加上蚂蚁金服与京东金融等巨头无处不在的全面渗透，让很多业内人士都陷入了这样的困惑。实际上，我们可以把 2019 年看作金融科技行业发展的一道分水岭。它终结了野蛮生长且混沌无序的行业态势，也开启了提质增效与健康增长的新兴格局。

2019 年 8 月，中国人民银行发布了金融科技发展的三年规划，明确提出了到 2021 年建立健全中国金融科技发展的"四梁八柱"。随后，监管部门快速推进了包括监管沙箱、技术标准化与认证体系等行业规范工作。

不可否认的是，上一轮金融科技创新，创造产业价值的边际效应已经越来越弱。所以，新一轮金融科技创新的大方向，一定是扩大业务边界与挖掘产业深度。

那么，新一轮金融科技创新，究竟有哪些趋势值得我们重点关注呢？

定向普惠金融

在国内市场上，普惠金融被衍生为 P2P 与网贷，一时鱼龙混杂、乱象丛生，遭到了监管上的严厉打击。不过，在金融科技的加持下，针对某一细分应用场景的定向普惠金融依然大有可为。

定向普惠金融服务的核心，是通过限定资金使用场景和苛刻的信用筛选来避免资金用于高风险类投资，从而防止因借款人违约导致平台爆雷。

美国的 SoFi 公司就是这样一个只针对高校学生的普惠金融网络平台。在美国，联邦政府针对高校学生的助学贷款利息往往较高，很多学生在毕业之后的几十年内，都不得不为学费贷款而继续打工。

SoFi 看到了这样的现象，他们以助学再贷款为主业，先帮学生一次性支付之前的国家贷款，再与学生签订新的低利息贷款合同。为了避免这样的助学贷款被滥用到其他场景，SoFi 框定了资金的使用场景。学生从 SoFi 借到的贷款，会通过 SoFi 平台直接进入学校或银行账户，用于支付学费、住宿等相关费用，以确保资金定向助学的用途。

为了避免大环境带来的风险，SoFi 只面向优秀学校和优秀专业学生贷款。借款者必须就读于美国排名前 200 的优秀大学，专业只能是诸如法律、医学、商业、工程与美术等前景较好的领域。当然，贷款利率也会因人而异，信用状况较好的学生，还可以获得 SoFi 更加优惠的利率条款。

如果部分学生在毕业后不幸失业，SoFi 还会帮助他们找工作，甚至安排面试。毕竟，这比简单粗暴的催收还款更能提高效率、降低资金成本和提升用户黏性。目前，SoFi 已经拿到了 F 轮融资，估值达到 43 亿美元，是非常成功的定向普惠金融案例。

同样是普惠金融，国内的马上金融以"大数据+AI"的模式找到了切入点。

从普惠金融角度来说，如何真正实现精准的由普到惠，把价格降低是非常难的；从风控角度来讲，本身定价是有风险的，消费金融线上化审批、小额分散、客群下沉以及征信空白等特点导致信用风险、欺诈风险的识别难度增加，也使风控成本大大增加。

马上金融自主研发了"大数据+AI"的决策智能风控系统，可以有效解决消费金融风控痛点。该风控系统通过科学有效的变量规则模型、智能高效的数据决策审批，以及先进的机器学习和人工智能算法，高效挖掘多维数据源价值，构建灵活高效、持续迭代的信贷全生命周期风控策略与模型，可针对多元场景下千人千面的用户画像，形成差异化、精准化的授信与定价，并为传统金融服务难以覆盖的信用缺失用户建立良好的征信。

截至 2019 年底，马上金融已累计帮助超过 500 万用户建立了信用记录，同时将自主研发的 FaceX 活体人脸识别技术应用于反欺诈环节，识别精准度高达 99.99%，有效降低了欺诈的概率。

业务流程智能化

各种金融业务的流程中，有不少环节可以运用智能化新兴技术加以改进。比如自然语义识别技术、声纹技术与虹膜技术，应用于客户沟通与身份验证等环节。这种提升业务流程效率的技术应用，将在未来很长一段时间内，成为金融科技的主要发力方向。

德国双子公司与保险机构在车险领域的技术融合，就非常具有代表性。

德国双子公司是一家从事汽车自动化和数字化测量的初创企业，此前主要为各个汽车修理厂提供自动化检测服务。凭借"紫外线+红外线"传感器和图像深度学习系统，他们可以在短短几分钟内精确地记录汽车的每个细节。双子科技不仅能复制车辆外形，还能呈现内部构造，让观察者看到远超肉眼所见的完整数据集。它包括车辆内外部高清图片、底盘扫描成像、制造商的技术数据，以及车辆划痕、重漆与部件损坏等全方位信息，使车辆状况比以往更加透明化。所有采集到的数据将汇总在双子公司的人工智能云端，计算机从中可生成机动车完整的数字影像。随后，在完成 3D 模型分析及与现有损坏目录进行比较后，系统将在几秒钟内创建评估报告，整个流程自动、快速、成本经济。

许多保险公司注意到了双子公司的这项科技，通过技术支持的方式应用于车险查勘工作。传统的车险查勘人为因素较多，许多查勘人员会虚报赔偿价值，并向 4S 店收取返佣。这不但损害了保险公司的利益，还让客户承担了较高的保费。

从创立至今，双子公司已经与各大保险公司合作，出具了近 150 万份检测报告，覆盖德国全境。

投资决策辅助

依托大数据与人工智能技术，针对投资者的财务状况，结合资本市场与投资标的的最新动态，个性化地提供投资决策建议。这种模式相当于投资领域的今日头条，具有非常巨大的想象空间。

美国金融科技公司罗宾霍德就打造了一个面向年轻人的股票交易平台。罗宾霍德是一款创新的交易应用程序，它允许投资者通过智能手机开立储蓄账户，购买股票、ETF 和加密货币，无须任何费用。在传统的股票证券交易公司，佣金是它们收入的主要来源。在罗宾霍德面市之后，美国的多数券商不得不降低收费来参与竞争。它们还在新的收入来源上进行创新，以弥补降低收费所带来的损失。

不以佣金为收入来源的罗宾霍德是如何获取利润的呢？

实际上，罗宾霍德团队通过大数据与智能化技术，快速捕捉市场动态，实时地向用户推送个性化的投资决策建议，每月只向用户收取 6 美元的订阅费用。目前，有许多知名投资人都入驻了该平台，用户可以直接看到知名投资人的下单情况，非常具有参考性。

比起传统股票交易平台，罗宾霍德提供增值服务的做法显然更加聪明。它不但可以很好地帮助用户降低风险，还能缩减资金转账所需要的时间，由此也吸引了大量的年轻用户。上市 6 年后，罗宾霍德的市值已经达到了近 80 亿美元。

围绕 B 端的支付创新

需要说明的是，以往的 B 端支付主要是针对商户的支付工具和 SaaS 云服务，而新一轮的支付创新则聚焦在企业级。

第一个案例是美国的艾维德公司，该公司主要为中小企业提供应付账款与支付自动化技术。

企业通过自动化应付账款流程，能够最大限度地减少人工干预，消除应付账款或应付货款流程中容易出错的任务。艾维德采用的是在线商业网络的应付账款技术，它可以支持全球大部分主流支付软件，以数字化方式实现上下游企业之间的互联。

现在，艾维德的客户范围涵盖了房地产、金融服务、能源与建筑等多个行业。艾维德的解决方案包括精细化的企业数据分析、战略性采购能力支持，以及非接触式的支付功能。它在全球拥有6000多家企业客户，平均每年保持166%的收入增长。

另一个案例是丹麦金融科技公司Pleo。它通过智能公司卡和App来实时记录企业商务开支，实现了记账任务的自动化。Pleo的方案是为企业提供员工专属的商务信用卡，允许员工购买他们工作所需的东西。同时，将开支项目与企业会计系统相结合，在员工刷卡的同时便已经完成会计记账。

谈及Pleo的核心竞争力，其创始人吉普表示，大部分企业在报销和记账过程中手续都非常复杂，员工在提前垫支部分费用后，往往不能及时获得报销资金，尤其是面对一些金额较大的购买项目时，部分员工可能因此陷入财务危机。Pleo的目的就是改变企业的费用报销流程，让员工不会因等待报销或试图购买公司产品而陷入太多的官僚主义陷阱。

在英国，Pleo的模式深受广大中小型创业公司喜爱。截至目前，已经有超过4000家企业采用Pleo的技术，并以每年400家的速度增长。

监管创新

金融科技领域的创新层出不穷，金融监管手段与模式也必须与时俱进。业务持续创新势必推动监管持续创新。

国内金融科技独角兽公司数联铭品，就是一个深耕数字经济产业的大数据科技公司。他们构建了面向政府、企业和金融市场三大主体的业务体系和商业模式。利用价值叠加、功能联动的服务通链，覆盖信用体系建设、政府监管、金融风控、宏观经济和公共安全等多个领域。

在金融监管领域，数联铭品开发了红警大数据风险监测预警平台。红警平台可以处理 TB 级别的非结构化大数据，并从多源异构数据中提取高相关性风险因子，构建可量化的行业特征风险模型，预警潜在金融风险事件。

2015 年，数联铭品便通过对 e 租宝企业资产、知识产权、法律诉讼、企业人才招聘和主要资金流向等数据的分析，发现了 e 租宝的借贷骗局，并提前给予相关机构警告。

目前，这个平台覆盖全国各类新兴金融企业超过 390 万家，动态监测企业金融风险，已服务于北京、上海和贵州等地的监管机构。

从上面这五个趋势可以看出，只要深入业务，贴近实际需求，金融科技领域就永远存在新蓝海。所以，金融科技的果实就挂在那里，能否吃到，还取决于对业务的深耕和需求的把握。

智慧医疗：跨越式产业变革

第一节　围墙消失：医疗领域变革已经开始

过去,在优质的医疗资源周围,一直有一堵很高的围墙。它围住了医生,围住了优良的诊疗环境,也围住了患者的选择。

当下,随着医学知识的不断普及和大众生活水平的提高,大家对自主选择医疗资源有了更迫切的需求。从社会发展来看,老龄化社会的加剧、疾病的不断演变等问题,也成为解放医疗资源的直接动力。

所以,如何打破传统医疗体系弊端带来的围墙,成了大数据与人工智能等新一代信息技术改造医疗行业的重要命题。

那么,传统医疗体系存在怎样的转型困境呢?

传统医疗难题：资源与数据互通

早在几十年前,我们就面临这样的问题,尤其是在转诊的场景下。当一个病人从 A 医院转到 B 医院时,之前在 A 医院的所有检查数据都无法复制带走,导致病人需要在 B 医院重新进行检查。

是什么原因造成了这样的现象?

要知道,我们国家提出医疗信息化建设已有几十年时间,但由于政策层面一直未出台相关标准,各家医院在建设信息系统过程中缺乏标准指导。就拿最常见的医院信息系统来说,有的用 UNIX 系统开发,有的用 Linux 系统开发,不仅数据结构不一样,硬件接口也是千差万别,导致同一家医院内部不同系统之间的数据兼容和信息交换都成问题。

另一个重要原因是行政和利益上的壁垒。以一个大城市为例,往往有部属医院、省属医院、市属医院、企业医院和民营医院,不同医院间隶属关系复杂，甚至还存在着争病员、抢资源等利益竞争关系。因此，要实现数据互联互通，必须先破除这些藩篱。

在这一点上，日本做得很好。早在 1995 年，日本政府就通过立法的形式，对医疗数据的采集与保存进行了严格的规范要求。医疗机构必须按照统一的规定格式，详细报告涵盖设施、设备、病种与治疗等相关信息。

今天，日本国民不但可以利用个人电子文件箱对自己的医疗信息进行管理，建立专属的医疗信息库，记录从小到大成长过程中所有的医疗信息；还可以通过网络随时云端查阅，完全实现"自我了解、自我查看、自我把握"。

一些细分领域的医疗数据协同平台也逐渐涌现出来。重庆山外山公司就开发了一套针对血液透析场景的智能管理平台。这个平台将计算机技术和医学相结合，通过设计透析医疗过程的流程化管理方案，实现了透析医疗过程的流程式管理以及对病人病情的实时监控，解决医疗信息共享、透析跟踪、实时监控等一系列问题，为医护人员及时诊断病情、制订优良的医疗方案提供了强有力的支持和帮助，极大地提高了工作效率并减轻了医护人员的负担。

医疗行业的伦理困境

中山大学肿瘤防治中心曾举办过这样一场比赛，由高年资医生、中等年资医生、低年资医生组成 50 人团队，同人工智能一起识别影像进行肺癌早期筛查。在 1000 份病历样本中，人工智能的诊断灵敏度为 94.2%，与高年资医生的诊断灵敏度 94.5% 相当。

单从数据上看，人工智能的识别结果还是非常理想的。但人工智能的诊断结果，是否能被用于实际诊疗，老百姓又是否接受人工智能的诊断，这也是转型过程中的一大问题。

美国医疗信息与管理系统学会下属研究机构在 2018 年曾做过一次联合调查：23% 的被调查者认为人工智能技术本身的不成熟性，导致其存在一系列风险并遭受质疑，是人工智能应用于医疗所遇到的最基础也是最难跨越的障碍。

我们还需要思考的是，运用人工智能来诊断疾病，那么诊断的主体，在法律上是医生还是医疗器械？倘若诊断出现缺陷或医疗过失，那么是由医生还是器械制造方担责，目前全球都没有可以借鉴的案例。

除此之外，还应该注意的是，智慧医疗技术对于医生的岗位挤压。这些新兴技术在某些程度上直接取代了一部分医生的工作，他们很可能因为技术专业的限制无法找到新的职业。利益上的考量，让他们对于新兴技术产生极大的抵触，更不愿意将它们介绍给病患使用。

正是由于这些潜在的困难，以互联网技术为代表的变革力量并没有取得太大的进展。这些年来，随着一批新型技术的涌现，以智能化为底层技术的医疗革命开始崭露头角，这也就是今天我们所说的智慧医疗。

探索价值变现

想要智慧医疗能够真正落地，仅凭技术是远远不够的，还需要考虑是否满足医患实际需求，商业模式是否可行，以及如何融入医疗体系等方方面面的问题。

比如，一度比较火热的智能穿戴设备，在大健康和医疗行业，都还没有充分体现出特别大的实际价值，医患双方并不买账。因此，如何完成创新、价值和市场这个三步循环，也是横亘在医疗智慧化转型面前的一大阻碍。

究竟什么是智慧医疗呢？

我们首先简单地解释一下这个词。智慧医疗是指在诊断、治疗和康复等各环节，基于5G、物联网和人工智能等技术，建设一个以病人为中心的医疗信息管理和服务体系。简单来说，它就是新兴技术在医疗卫生领域中所形成的一种医疗服务新形态。

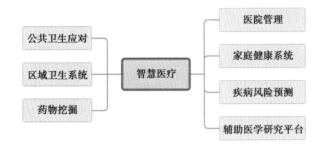

智慧医疗的应用领域

我们可以发现，在这个定义中，智慧医疗不再局限于医院这个场景，而是延伸到了卫生领域，成为一个真正与健康相关的综合体系。

那么，智慧医疗具体包含哪些板块呢？

最核心的载体当然是智慧医院。

美国的汉勃河医院算得上是这个领域的标杆之一。这是一家专注病患护理领域的智慧医院，需要为超过 85 万人口提供综合性的门诊、急诊治疗和住院医疗服务。

它拥有遍布医院的上万个智能感知应用和全智能的医院管理系统。

借助人工智能系统的感知能力，当佩戴有定位功能工牌的医护人员进入任何病房，位置及时间信息等就会传输至中央护士站进行记录，从而实现所有医护路径的可追溯以及医疗资源优化管理。

此外，结合智能病床的感知能力，当有跌倒风险的患者试图离床时，报警信号就会自动发往距离最近的护理人员呼叫移动终端，提示其立即做出反应协助有跌倒风险的病人。

在病房内，汉勃河医院安装了带有摇臂的触摸式"床边终端"，作为智能病房的统一交互界面，能同时为病患及医护人员服务。

病患可以通过此终端与医护人员及建筑进行交互，例如环境控制、呼叫医护人员、在膳食建议范围内进行点餐、播放娱乐及教育节目、了解医院及医护人员信息、获取服药提醒等智能功能。

医护人员则可以通过此终端随时访问病历信息、查看病人体征信息、输入检验结果，以及进行药品输液扫码等日常护理工作。

正是众多智能感知应用的集成与联动，才真正实现了智慧医院的主动响应和持续优化，切实提升医护效率，避免医疗差错。

从智慧医院延展开来，不得不提到区域卫生系统。

区域卫生系统的作用，主要是弥补医院覆盖与接纳能力的不足，形成医疗资源与病患服务的分层配置。与医院不同，区域卫生系统的重点以健康管理为主，主要满足慢性病管理和简单治疗的需求。通过连接医院系统，社区医护人员还可以快速知晓社区内重症和传染病患者病情，及时给予医疗建议，并上门提供护理服务。

创立于广州的"家有健康"服务平台提供了一种新的思路。为了满足区域内的医疗需求，他们开发了一个智能"微诊室"，放置在各个小区周边。

微诊室由两部分构成，一边是拥有100余款常见病药物的智能药柜，另一边是无人诊室，患者可扫码入内，根据自身的需求或医生建议检测项目，联系线上医生进行问诊。这个3平方米的密闭舱，可以为患者提供远程问诊、在线购药和在线检测等服务。除了心电图和皮肤等复杂检测需在医生指导下进行外，其余指标测量均可自己操作。

而在这个微诊室的后端，连接着数十名三甲医院的医生，保证随时有医生能够接诊。医生可以通过在线听诊的模式，判断病情并开具处方；在医生开具处方后，患者可在移动端付费购药，在微诊室左方的药柜取药。

在区域卫生系统的基础上，再往外延展，就是家庭健康系统。

家庭健康系统是智慧医疗的终极目标，也是最贴近大众的医疗保障。这个系统主要针对一些不方便前往医院救治的病患，提供远程医疗服务，以及对慢性病的持续监测。随着物联网技术的引入，甚至还可以通过智能水杯等硬件，自动提示服药时间、不良反应和剩余药量。

家庭健康场景更强调系统的易用性和便利性，对于设备要求不能太高。腾讯通过微信客户端，以Wi-Fi为核心开发了针对家庭场景的健康管理系统，用户只需要用一部智能手机连接检测设备就可以完成记录。

当病患在家里使用诸如血糖仪、血压仪和体温计等检测设备时，系统就会采集数据并传输到后台。与此同时，这个系统还会和医院的病例数据库相连。当患者去医院就诊时，医生就能够直接查看这些历史数据，为诊断提供依据。

通过上面三个案例可以看出，智慧医疗有三个明显的特征：医患对接的无缝整合、医疗资源的精准匹配，以及数据的实时共享。而未来智慧医疗的发展，必定也会围绕这三个特征逐步推进。

第二节 医疗大数据：生命驱动力

如果智慧医疗是一棵大树，医疗大数据就是这棵大树的根基。与其他行业不同，医疗行业的数据化发展要早很多。

早在 20 世纪 90 年代末，许多公立医院为了内部沟通和方便诊疗，建立了初级的医院信息化系统。由于当时没有现成的样本，许多科技公司将会计软件简单地改造后就提供给医院进行使用。这个时期的医疗大数据，当然算不上一个单独的领域，更没人注意到这些数据的价值。

后来，互联网时代的到来使医疗大数据逐渐被大家注意到，但这样的"注意"没有创造出实际的价值。很多人认为，既然电商和社交的数据价值如此巨大，那么医疗的数据一定也能做些什么。

不得不说，这样的想法过于理想化。

重拾医疗数据价值

早期的医疗数据大部分是粗糙的诊前和临床数据，包括挂号信息、诊断书、开药记录和治疗流程等。这些数据有的是手写的，有的是机打的，量大却不规范，更谈不上严谨和完整。加之医疗数据与生俱来的隐私性，让许多试图在这个领域创新的企业都折戟沉沙。

进入大数据智能化时代后，医院和企业都开始重新思考医疗大数据的价值。一方面，国家正在紧锣密鼓地收集与规范医疗数据，开始构建医疗数据应用新生态；另一方面，人工智能与物联网等技术在医疗领域的应用，对医疗大数据提出了新的要求。

最先尝到大数据"甜头"的还是医院。广东省人民医院率先引入大数据系统，对患者数据和科室数据进行分析和测算，解决了此前各科室病床使用率差异大的问题。他们将科室与科室之间的工作量、收入、支出与分摊成本等指标进行了全方位数据评估，并强化入院处的床位调配权，将部分科室的病床使用率从46%提高到92%。

就诊方面，医疗数据的应用则可以让老百姓看病更加便捷，重庆市妇幼保健院引入的电子健康卡就是这样一个例子。以往患者去不同医院看病，都会要求办不同的就诊卡，不但手续烦琐，还产生了多余的就诊费用。电子健康卡则可以避免类似的问题，患者的所有就诊信息和诊断记录都会被记录在案，向"陌生医生"问诊时，大大降低了双方的沟通成本，也避免了不必要的重复检查。

大健康企业则把目光从"院内"转向"院外"，开始聚焦个体的特征数据。以体检为代表的美年大健康，依托每年近3000万人次的体检数据，开发出了基因检测、肿瘤早筛和智能诊断等大数据衍生服务，成为社会医疗资源的重要补充。

从2017年开始，人工智能发展进入快车道，人工智能医疗技术也开始加速。在这之后，医疗大数据发生了巨大的变化。除了基础的数据衍生服务之外，应用场景变得更加多样化。

临床诊断辅助

医疗大数据最先应用的场景，就是临床诊断辅助。

临床数据主要反映的是患者的疾病特征、患者个体情况和治疗方式。将这些数据进行智能分析，可以为患者制订有效的治疗措施，进一步指导医生的工作。

通过医疗大数据创立于北京的推想科技公司，推出了国内首个临床应用的辅助诊断产品——智能CT辅助筛查。它可以自动标记CT影片上各个病灶的位置，减少影像科重复劳动。在 6 分 15 秒内，系统就可以诊断 20 份 CT 影片，6 毫米以上的结节诊断率更是达到惊人的 100%。

推想科技之所以从影像诊断切入医疗领域，主要是因为国内放射科医生总体数量不足。在病患量大的情况下，医生日常工作通常是饱和的。而且，医生资源分布也不均匀，导致不同地区的业务能力差距明显。最关键的一点还在于，放射科医生收入并不高，没法吸收优质的医生资源，培训质量亟待提升。

辅助筛查的作用主要针对经验不足的年轻医生去辅助他们的读片行为，从而达到高年资医生的读片水平。那么对于资历较深的医生，可以将其从基础工作中"解放"出来，更多地投身于科研工作。

全方位慢性病管理

医疗大数据的另一个重要的应用场景是慢性病管理。

慢性病是我国甚至世界面临的重大医疗难题之一，包括糖尿病、帕金森和阿尔茨海默病等。慢性病有一个特点，早期发病症状基本不明显，病症也不容易被人们察觉，待病情发展到一定程度，出现明显的症状时，情况已经非常危险。而晚期确诊后就需要大量的人力、物力来对患者进行日常照料与护理，严重影响患者的身体健康和生活质量。

我们知道，许多慢性病的治疗都不是在医院内实现的，它是非常典型的院外治疗。患者在医院接受完初步的治疗后，需要自行回家进行服药和康复性训练，很考验患者的自觉性。而医疗大数据的慢性病管理则是通过技术手段，辅助患者管理病情。这一般需要通过智能终端、数据管理系统和医疗健康软件多方实现，以及大数据技术的帮助。

微糖是一家提供血糖健康管理服务的医疗大数据公司，只需通过血糖采集工具一次测试，就能通过大数据系统为糖尿病患者提供算法支撑的并发症和风险预测。不仅如此，在给出诊断的同时，微糖还会提供针对性的血糖健康管理方案，包括饮食、作息和运动等多个方面，辅助患者控制血糖。

保险+医疗大数据

保险机构所售卖的寿险产品，非常依赖于医疗大数据。

通过大量的疾病发病率、治疗效果和医疗费用等数据的帮助，才能设计出合适的保险产品，降低保险公司成本。特别是最近火热的健康险，更需要依托医疗大数据和智能化的管理系统，将保险机构、医院、药房的数据进行整合，对目标人群进行精细管理，有效控制医保费用。

要知道，只有在发病率、治疗效果和医疗费用等数据的帮助下，保险公司才能制订合适的产品。除此之外，医保控费也要仰仗医疗大数据，在医院的信息孤岛面前，没有足够的数据，很难真正触及核心矛盾。

在这一点上，美国的克罗夫健康保险公司的案例非常有借鉴意义。他们的主要客户是老年人、慢性病患者和低收入群体。克罗夫与美国各个社区医院和诊所有紧密的合作关系，汇聚到后台的大数据系统可以很精确地对每一个保险个体进行分析。一旦发现某位用户患病的可能性较高，公司就会安排护理人员对该用户进行定期体检。

他们曾经花费三年时间跟进过一个 80 多岁、患有糖尿病的下肢溃烂患者。当糖尿病进展到晚期时，一个非常明显的症状就是血液回流不畅导致的下肢溃烂。克罗夫通过评估后认为患者因下肢行动迟缓，在家跌倒的可能性很高。

随后，护理人员登门拜访，帮助患者进行屋内检查。他们通过调查发现，患者夜晚经常起夜小便。于是，护理员将床头和卫生间等几个墙面拐角进行了软化改造，还在地面铺设了防滑垫，很大程度上避免了后续因用户跌倒造成的巨额保险费用。

基因精准预警

随着人类基因组测序技术的飞速提升、生物医学分析技术的快速发展和大数据分析工具的日益完善，我们正进入一个全新的医疗健康时代——精准医疗。

目前，基因大数据主要分为两个部分：一个是疾病的早期筛查、诊断和动态治疗；另一个则是健康人群的基因检测、遗传病、易感基因和个性化用药。

2017 年，一家叫作贝瑞基因的企业在福建成立了中国人群致病基因大数据中心，为健康人群提供基因健康检测服务。目前，贝瑞基因专攻产前筛查和肿瘤基因领域。

产前筛查的市场非常大，但目前大部分的医院仍采用传统的"唐氏"方法来检测胎儿情况。唐氏筛查需要对孕妇进行羊水穿刺，具体方法就是将一根细长的穿刺针从腹部刺入，并抽取一定量的羊水清液来进行培养，进而鉴别胎儿是否存在畸形等可能。但对于高龄产妇而言，羊水穿刺风险较高，很容易因为操作的疏漏，造成胎儿和母体的感染，而且准确率并不是很高。

相比之下，基因检测技术应用于产前筛查，不仅准确性高，也让更多产妇避免经历羊水穿刺的痛苦，并且操作快捷、安全，抽取孕妇外周血即可检测出结果，优势十分明显。

2011 年，贝瑞基因就将无创产前基因检测技术成功应用于临床。孕妇采集 10 毫升静脉血送检后，相隔 10 个工作日就可以知道胎儿是否患有唐氏综合征等重大出生缺陷疾病。这项技术的灵敏度达到 99.5%、准确度达到 99.8%，费用只需不到 3000 元。无创产筛服务迅速获得了市场欢迎，目前全国一年用这项技术进行检测的孕妇差不多有 400 万人。

而肿瘤检测方面，贝瑞通过"早"和"晚"两个角度切入。"早"即肿瘤早筛，相比传统检查手段提前 6~12 个月在体内发现肿瘤痕迹，实现癌症极早期的干预与治疗，大幅提高患者的生存率；"晚"即肿瘤用药基因检测，对中晚期癌症患者服用靶向药提供指导，实现精准用药，为患者节省大量经济开销。

首先，服务人员会采集用户样本，通过测序得到基因序列，然后使用大数据技术与致病基因比对，寻找可能突变的基因。之后，通过分析做出正确的预防判断，进而为用户提供相关预警，甚至制订个体化的治疗方案。

伴随医疗行业的数智化进程，医疗大数据的种类与数量必然会逐步丰富起来。整个智慧医疗领域也将迎来跨越式发展，为人类生命健康创造更多可能。

第三节　可穿戴设备：智慧医疗最后一毫米

1957 年 10 月，美国明尼苏达州的医院为一位心脏病人植入了世界上第一款起搏器。由于当时的技术限制，起搏器体积非常大，需要连接一个行李箱大小的供电系统。

不幸的是，当月 31 日，该州的双子城突发大停电，两天后才恢复正常。正是因为这场大停电，明尼苏达州医院内的部分心脏病患者的生命受到了威胁。

美国美敦力公司的工程师厄尔·巴肯看到了这一惨剧，仅在短短四周时间就开发出了使用电池供电的便携式起搏器，患者只需要随身携带一个小背包就可以解决供电问题。

就这样，"电池+起搏器"的形式成为全球最早的可穿戴医疗设备。如今，50 多年过去了，无线心脏起搏器已经面市，不但无须外接供电，体积也只有硬币大小。可穿戴医疗设备已经成为智慧医疗的重要组成部分，技术发展日新月异，不但种类越来越多，便携性也越来越好。

作为医疗大数据的重要抓手，可穿戴设备的兴起，让我们不断突破着智慧医疗的想象边界，而全民大健康需求的扩张，也为这个领域带来了巨大的推动力。

救命的手表

智能时代，可穿戴医疗设备的价值在哪里？

它的价值主要体现在两点：

第一，可穿戴医疗设备能够帮助用户自行采集数据，实时掌握个人的身体健康状况，并通过反馈，及时改变不良生活习惯，从而实现疾病预防与早期治疗。

第二，这些设备对人体健康指标的长期动态监控，为后期的疾病诊断治疗提供了大量有效数据，帮助医生加快对于疾病的准确诊断，还为后续治疗提供了依据。

虽然，可穿戴设备在医疗领域的好处显而易见，但受技术发展水平的限制，很长一段时间，市面上没有真正意义上针对普通消费者的可穿戴医疗设备出现，大部分产品的功能和监测质量都无法保证。

这一困境最终被苹果公司打破。2015 年，苹果智能手表 iWatch 上市，主打运动和心率检测。它使用光体积描记法进行心率测量。通过绿色 LED 模块和红外光技术，iWatch 可以识别用户手腕部位血管中单位时间流过的血量，从而准确检测使用者的心率数据，并以每 10 分钟一次的频率完成全天候检测。经过斯坦福大学研究人员证实，iWatch 的心率准确性可达到 99.2%，非常接近专用医用监测设备。

在之后的几代产品中，苹果陆续更新了一些产品的使用功能，还加上了跌倒警报、心率异常警告和心电图监测功能。尽管这些功能还达不到专业医疗设备的准确性，但作为一款消费级可穿戴设备，已经实属不易。

2018 年，美国俄克拉何马州的一位母亲收到了儿子苹果手表发来的警告，信息上提示儿子心脏跳动过速，并附上了心率监测截图，心率已经达到了惊人的每分钟 202 次。可喜的是，由于及时发现并送往医院，通过药物干预，医生终于把他救了回来。

我们可以发现，这样的类似案例最近几年越来越多。可穿戴设备从一个单一的数据采集者，逐渐向专业功能性过渡。它们培养了用户良好的生活习惯，了解病情的发展，也降低了医患双方的治疗成本。

可穿戴的未来蓝海

未来，有哪些设备有可能成为可穿戴医疗设备呢？

首先，是最常见的体征数据监测设备，这里包括了智能血压仪、血氧仪、血糖仪，以及呼吸频率监测器。

　　体征数据检测设备的产品主要分为两个市场，包括专业的监护类产品（多用于医院内）和可穿戴产品（个人消费品或个人健康产品）。目前，院内院外的体征数据监测设备有融合的趋势，具有医疗性能的穿戴产品会越来越多地受到市场的欢迎。它们共同的需求是高性能、低功耗、便于穿戴、无线传输和具备医疗性能等特点。

　　比如，南京熙健信息技术有限公司推出的"掌上心电"设备，用户只需要把电极片贴在右肩锁骨和左下腹位置，把它们与安装了 App 的智能手机或平板电脑连接，就可以实时记录自己的心率情况，并同时记录心电图。这些数据会被传输到掌上心电的数据后台，进行分析处理，从而给出相关指导意见。

　　其次，是特定人群的使用设备。在特定人群里使用的可穿戴智能设备，大部分服务于母婴。这些产品大多数是成周期性的，覆盖一个孕妇备孕、孕期、月子和喂养等全过程。

　　比如在孕期监测上，英国的温度概念公司开发过一套系统，它可以通过放置在女性腋下的一个金属铁片测量体温，进而精确测量女性排卵期体温的细微变化，从而指导怀孕或者避孕。这个系统每天可以测量体温近 2 万次，准确度高达 99%。

　　另一个是关于婴儿的穿戴设备，给婴儿戴上之后就可以通过手机 App 监控婴儿的活动、心率和睡眠等情况。不过和手环不一样，这一类设备的形态一般是做成袜子。市场上，许多老牌的智能设备企业都在抢占这个领域，包括我们熟知的 Angelcare 和 Mayborn 等，主打更有科技含量的监测产品。当然，婴儿类监测产品最大的问题是误报，由于婴儿无法像成人一样控制自己的行为，设备需要识别这些举动是有意还是无意。

　　最后，是面向大众类可穿戴医疗设备。目前市面上这部分产品五花八门，功能包括体脂秤、心率监测和智能服装。其中，智能服装很可能是可穿戴医疗设备的主要发力方向。

　　美信半导体曾发明过一件智能 T 恤，该 T 恤可以测量心电图、体温及使用者活动量等数据。在 T 恤的两个袖子和胸部位置，美信植入心电图传感器，可以保证不论在何种动作情况下，都能完整记录用户的特征数据。

陆魔公司的体态姿势追踪器也很有特色。他们投入 1700 万美元,开发了一款可以分析跑步形式和性能,并提供实时语音教练的紧身衣。换句话说,你可以在运动过程中通过传感器来得知脊椎活动状态。这件紧身衣的传感器放置于上衣锁骨附近,还可以透过轻轻振动来改善使用者的站姿和坐姿,并减少背部和颈部疼痛的可能。

在未来很长一段时间内,这三个方向都将引领可穿戴设备的发展。而另一个打破常规"可穿戴"概念的前沿趋势,则是设备"无感化",也就是可植入设备。

终极形态：植入设备

如果你要问什么是最好的可穿戴医疗设备,那一定要数无存在感的可植入设备。毕竟,只有"无感"的佩戴才不会变成累赘,让用户更舒适地使用下去。

植入技术在医学界已经有数十年的发展,像开头提到的起搏器案例,本质上也应该算作可植入设备。不同之处在于,以往是病重等迫不得已的原因才选择可植入设备,而未来我们很可能会主动地选择甚至拥抱它。

让我们列举几项正在研究的前沿可穿戴设备。

一种是愈合式芯片。美国波士顿大学此前进行了一项仿生胰腺测试,这个仿生胰腺带有一个微型传感器,可以直接与智能手机的 App 对话,以监测糖尿病患者的血糖水平。通过这个技术,科学家研制了一种口服胶囊大小的电路,以监测肥胖患者的肥胖程度并产生使他们感到"饱"的基因物质。这种方法可能作为目前手术或其他侵入性方式的一种替代来处理严重性肥胖。

盖茨基金所支持研发的可植入式避孕设备也很有亮点。通过与麻省理工学院合作,他们正在开发一个可外部遥控的植入式女性避孕设备。这个微小的芯片可在女性体内产生少量的避孕激素,有效期长达 16 年。由于设备开关可以由被植入者自由控制,这为那些有家庭规划的人提供了一定的便利性。

供电问题一直是植入设备的主要难点之一，其核心就是如何为体内设备获取源源不断的电能。现在，这个问题可以通过可溶性生物电解决。马萨诸塞州剑桥市的一个团队正在研究可生物降解的电池，它们可在体内发电，将其无线传输到需要的地方，然后融化。

在目前的植入体发明中，最令人吃惊的当属智能尘埃植入设备。中科院沈阳自动化研究所成功研制了一种体积更小的纳米微操作机器人。这种纳米机器人只有 4 纳米长，比头发直径的十万分之一还要小。它可以跟随 DNA 的运行轨迹，自由地行走、移动、转向和停止，甚至可以在纳米尺度上对染色体进行切割。要知道，很多癌症的病因就是来自染色体的变异，这无疑为治疗癌症带来了全新的技术视角。

当然，目前的纳米机器人还停留在研发试验阶段。主要是因为人体组织结构复杂，纳米机器人无法自行完成治疗。这些问题都需要技术人员进一步研究攻克。

可穿戴智能设备是智慧医疗领域的重要力量，解决了与用户最后一毫米的接触问题。它几乎囊括了数据、硬件和软件的所有板块，是行业科技水平的真实写照。未来，随着技术迭代升级，一定还有更多的可穿戴医疗设备走进我们的视野，改变我们的生活。

第四节　应对公共卫生事件：智慧医疗的练兵场

2020 年的新冠疫情牵动了全球各国的神经。从猝不及防到有效遏制，在这场整个社会全力以赴的疫情阻击战中，大数据与智能化也贡献了一份重要的力量。

实际上，一个国家的综合医疗水平在很大程度上取决于应对公共卫生事件的能力。因为，诸如烈性传染病、重大食物中毒等疫情，都会对社会公众健康和经济正常运行造成巨大的伤害。因此，如何快速控制疫情，有效治疗病患，是应对公共卫生事件最核心的任务。

新冠战场显身手

智慧医疗是如何在核心任务上发挥作用的呢？我们将以新冠肺炎为例来解答这个问题。

诊疗病患的最前端是线上医疗平台。好大夫、丁香医生和春雨医生等互联网医疗平台，都开设了线上新冠门诊。它们为疑似患者及时提供了很好的专业指导，通过患者的症状描述，告诉他们应该继续在家观察，还是快速去医院就医。

虽然这种"线上轻诊断"有一定的局限性，但在疫情暴发的特殊时期下，对于紧缺的医疗资源无疑是一个有力的补充与分担。

接下来的确诊环节，在疫情暴发初期，也是一个巨大的难题。

由于新冠病毒潜伏期长，且每个人症状都不太相同，所以极大地增加了确诊的难度。核酸试剂检测虽然更为准确，但往往需要耗时几个小时，既加大了医生的工作量，也无法满足突然增长的患者数量。

不仅如此，按照相关的规定，疑似病例若要排除患病可能，则需要连续两次呼吸道病原核酸检测阴性，且两次检测的采样时间至少要间隔一天，因此若首次核酸检测呈阴性，患者的确诊时间将再次延长。

事实上，连续两次病毒核酸检测为阴性的排除条件也未必充分。天津市卫健委此前便通报了 2 例，进行了 4 次核酸检测后才呈阳性的患者。

为了解决确诊的困难，医务人员结合新冠肺炎的特性，发现肺部 CT 影片可以很直接地观察患者肺部病变，从而快速确诊。不过，在实际诊断中，早期患者肺部 CT 影片会出现"小磨玻璃影"，这是非常典型的新冠症状。但由于许多小磨玻璃影形状较小，在超负荷的工作压力下，医生很容易出现漏诊。

为此，上海联影智能开发了一套 AI 影像系统，它能够精准识别微小病变并自动勾勒出来。同时，运用深度学习算法，对肺部 CT 影像进行分割,自动为医生生成诊断报告。随着火神山与雷神山医院等抗疫一线的AI影像部署,联影智能将常规5～10分钟的CT阅片时间缩短为1分钟,大大降低了医生的工作负荷。

同样活跃在抗击疫情第一线的,还有智能机器人。

北京猎户星座科技公司向火神山医院捐赠了服务机器人,可以完成递送化验单和药物的工作。北京达阀科技公司向武汉和上海部分医院捐赠了护理、消毒、智能运输和巡逻测温机器人。值得一提的是,巡逻测温机器人还可以利用红外检测系统,完成针对密集人群的人体温度识别,并将人脸数据上传至云端,及时通知周边社区的防疫人员。

虽然机器人的应用相对局限,但也能承担清洁、消毒与送药等大量基础工作,既可以分担医护人员的工作量,又能降低交叉感染的风险。

智能化助力疫苗研发

想要真正达到治愈疾病的目的,我们还需要疫苗和特效药的帮助。

疫苗的研发有个特点,它必须遵循固有周期和科学规律。疫苗的前期研发过程,包括候选疫苗设计、样品制备、动物免疫反应测试、动物保护性测试、生产工艺和质量标准建立、临床前毒理研究等环节。疫苗的后期研发过程,包括申报临床、开展临床试验,最后才能实现疫苗上市。

疫情当下,相关审批部门确实可以加快审批速度,但疫苗研制所需的步骤并不能减少。疫苗用于健康人,除了有合适的生产工艺,其临床前安全性和有效性评价非常重要。2014年,埃博拉病毒在非洲暴发。直到5年之后,第一个埃博拉疫苗才在美国和欧盟获批。

药物研发是一种不断试错的过程,甚至可以说是一个瞎猫碰死耗子的过程。与此同时,这个过程中存在很多问题,例如过多的化合物需要筛查、中标物的毒性测定、失效和有偏设计等,如果前期工作做得不好,后面的临床试验中途夭折的概率就会增加,那时的损失就可能达到数亿美元。

在科学研究飞速发展的今天,差不多每30秒就会有大量的专利、临床试验结果等海量信息在世界各地发布。对于药物研发工作者来说,他们没有时间和精力来关注所有的新科研成果,但是这些信息又包含了全球大部分科研人员的研究成果和大量关于新药的信息，从这些信息中找寻新药的蛛丝马迹是药物发现的一种捷径。

英国的独角兽公司巴努沃特，建立了一个"判断加强认知系统"的技术平台。该平台利用人工智能技术，从杂乱无章的海量信息中提取出能够推动药物研发的知识，提出新的可以被验证的假设，从而加速药物研发的过程。

利用这一系统，研究人员验证了巴瑞替尼可以阻断病毒感染进程来帮助治疗。目前，关于巴瑞替尼的实验论文已经刊登在知名医学杂志《柳叶刀》的网站上，这无疑为各国医疗机构治疗新冠肺炎提供了又一种可能性。

大数据疫情防控

在有效治疗病患方面，智慧医疗全面出击，而在快速防控疫情方面，大数据与智能化更是大有用武之地。

在此次新冠疫情出现苗头的早期，加拿大蓝点科技公司利用自己开发的疾病自动监测平台，通过自然语言处理和机器学习来监测疫情信息。这个系统会自动收集新闻报道、动植物疾病网络和官方公告来寻找疫情信息源头，并及时向国际医疗卫生机构发出早期预警。

蓝点科技成立于2008年，总部位于加拿大多伦多，致力于通过人工智能技术保护全球人民免受传染病的侵害。该公司将医疗和公共卫生专业知识与先进的数据分析技术相结合，跟踪并预测传染病的全球蔓延趋势，从而设计出最佳解决方案。

为了找到疫情的传播路径，蓝点科技抓取了全球机票数据，成功预测了新冠疫情会在几天之内，从武汉扩散至北京、曼谷及首尔。实际上早在2016年，蓝点科技就建立了AI算法模型，分析了巴西寨卡病毒的传播路径，并提前6个月预测了美国佛罗里达州会出现寨卡病毒。

除了对疫情进行早期预警之外，在疫情扩散时，大数据也能通过对患者生活轨迹及接触人群的分析梳理，准确定位疫情的传播路径。比如，对密切接触人群采取及时的提醒与防控，有利于防止疫情进一步扩散;还可以通过人口迁移大数据地图监测,尤其是重点疫情地区的人口流向,为各个迁移区域的疫情预测和防控提供决策依据。

阿里与腾讯等互联网巨头利用平台与数据优势,与各地政府合作,推出了个人健康码。在这个健康码上,用户除了需要填写自己的基本信息外,还要填写身体和出行情况,包括体温、症状及外出状态等。然后,系统会根据填写数据的情况,结合后台数据系统给出个人唯一的识别码。

这样的健康码还可以接入支付宝、微信小程序与企业微信等多个渠道,有效地弥补了防疫统计上的空白,也让大众避免了针对不同场景反复提交个人健康状况。比如,企业复工时可以使用企业微信里的健康码,社区居民进出时可以扫描健康码,尤其是机场与车站等人流密集的场地,健康码还可以快速筛查出疑似患者,避免疫情扩散。

以移动和联通为代表的通信运营商们也发挥了自己的作用。我们知道,社会上有一小部分人出于利益考量,即便到过疫情高发区域,也不愿意自主隔离,在面对工作人员调查时选择撒谎甚至瞒报,为隔离工作带来很大困难。这个时候,就可以运用通信运营商的技术来进行筛选调查。

每一个城市都部署了几十到上百个不等的基站设备,机主在进入一个新城市后,手机就会自动选择就近的基站连接。这样一来,通过基站连接的改变,基本可以断定该机主是否遵循了隔离措施,是否前往过危重疫区,大大降低了区域隔离的筛查难度。

从上面的种种应用来看,突发的公共卫生事件为智慧医疗带来了巨大的挑战,但也同样使智慧医疗真正立于聚光灯下,变得更加成熟,更加可信。未来,线上诊断、远程医疗与 AI 影像识别等技术,将共同构成智慧医疗最锐利的武器,为公共卫生与公众健康提供有力保障。

智能制造：未来工业颠覆与重构

第一节　重新认知中国智能制造哲学

当我们在谈论智能制造的时候，我们究竟在谈论什么？

总的来说，智能制造就是制造业的智能化发展。这句话看似简单，但我们必须明白它的深层含义：智能制造是一个过程，而不是具体的技术或方法。这是我们谈论智能制造的一个重要前提。

2013 年，在德国汉诺威工业博览会上，第一次提出了"工业 4.0"这一概念，被认为是人类第四次工业革命的开端。随后，全球各国都相继提出了自己的制造战略，比如美国的"工业互联网"以及中国的"中国制造 2025"。

各国智造路径大不同

仔细观察第四次工业革命的进程，我们不难发现，每个国家所选择的路径和侧重点有非常明显的不同，一方面这取决于各个国家的制造业基础和国情，另一方面是各个国家在制造文化和哲学方面的差异。

在过去近 200 年的工业积累中，美国与德国等国家都形成了非常鲜明的制造哲学，其根源是对知识的理解、积累和传承方式的差异。同时，各个国家在整个制造业的产业链上，也形成了非常明显的竞争力差异，在产业链的不同位置都有各自的相对优势。

各国不同的制造强国战略

国家	政府规划	战略重点	特点
德国	《高技术战略 2020》	工业 4.0；成为新一代工业生产技术的供应国和主导市场	智能制造企业实践产学研推动；升至国家战略
美国	《重振美国制造业框架》《先进制造业伙伴计划》《先进制造业国家战略计划》	再工业化、工业互联网；侧重"软服务"，用互联网激活传统工业，保持制造业的长期竞争力	企业提供解决方案；政府战略推动创新
日本	以 3D 造型技术为核心的产业制造革命	人工智能；智能化生产线和 3D 造型技术	人工智能是突破口；以机器人制造为基础
中国	《中德合作行动纲要》《中国制造 2025》互联网+	两化融合，制造强国；打造新一代信息技术产业、生物医药与生物制造产业、高端装备制造产业、新能源产业	两化融合，制造强国

先说德国。德国最引以为傲的是先进设备和自动化生产线。德国依靠装备和工业产品的出口获得了巨大的经济回报,因为产品优秀的质量和可靠性,使得德国制造拥有非常好的品牌口碑。然而,德国近年来也发现了一个问题,那就是大多数工业产品本身只能够卖一次,所以卖给一个客户之后也就意味着少了一个客户。

同时,随着一些发展中国家的装备制造和工业能力的崛起,德国的市场也在不断被挤压,在 2008 年至 2012 年的 5 年时间里,德国工业出口几乎没有增长。由此,德国开始意识到卖装备不如卖整套的解决方案,甚至如果同时还能够卖服务就更好了。

于是德国提出的工业 4.0 计划,其背后是德国在制造系统中所积累的知识体系与系统产品，同时将德国制造的知识以软件或工具包的形式提供给客户作为增值服务，从而实现在客户身上的可持续盈利能力。

所以，德国的制造哲学是发挥在关键设备与零部件，以及生产技术上的传统优势，从而整合"产品+服务"的价值体系，实现智能制造生态的发展。

再说美国。2008年金融危机引发了美国制造业全面萧条，所以美国提出了工业互联网，解决系统性问题。美国擅于从数据中挖掘出不同因素之间的关联性、事物之间的因果关系、对一个现象定性和定量的描述和某一个问题发生的过程等，这些都可以通过分析数据后建立的模型来描述，这也是知识形成和传承的过程。

另一方面，通过大数据构建生产网、数据网和设备网等制造系统网络，可以创新工业系统的顶层设计。

例如，美国的航空发动机制造业，降低发动机的油耗是需要解决的重要问题。大多数企业会从设计、材料、工艺和控制优化等角度去解决这个问题，而通用电气公司发现飞机的油耗与飞行员的驾驶习惯，以及发动机的保养情况相关，于是就从制造端跳转向运维端去解决这个问题，收到的效果比从制造端的改善还要明显。

所以，美国智能制造的转型哲学就是"颠覆"，这一点从其新的战略布局中可以清楚地看到。利用工业互联网颠覆制造业的价值体系，利用数字化、新材料和新的生产方式（3D打印等）来颠覆制造业的生产方式。

总结来看，美国是信息化强、工业化弱，他们通过工业互联网，自上而下，以网入厂；德国是工业化强、信息化弱，他们搞工业4.0，是要自下而上，以厂入网。

中国的智造哲学

那么回到中国，我们智能制造的逻辑与哲学又是怎样的呢？

实际上，中国制造业正面临"内忧外患"：内部是产能过剩与人口红利消失等问题，而外部则不断遭受发达国家和新兴经济体的双重挤压。在转型升级之路上，我们不但要补工业 2.0 的课，还要赶上工业 3.0 的末班车。而现在工业 4.0 已经来临，我们制造业的转型任务变得更加紧迫。

本科生研究博士生的论文，难免会陷入误区。在智能制造转型升级过程中，我们很多企业都走过弯路。

首先，是把无人化当作智能制造，认为智能制造就是机器换人。这其实是本末倒置。虽然机器可代替人类的大量体力劳动，实现高效、高质量的精准制造，但不能盲目采用"机器换人"，除了要考虑机器与人员置换成本之间的平衡，还需综合考虑操作场地、信息化接口与维护成本等。

"人"作为智能制造的重要资源，在应对定制化生产和复杂多变的生产环境方面仍处于中心地位。特别是对于现阶段的"2.0 补课、3.0 普及、4.0 示范"，人、信息系统、物理系统的协同显得尤为重要，智能制造仍需要人工智力参与政策解读、法规约束、知识积累、工匠传承、文化发扬和统筹组织等，以实现有序生产并产生效益。这些都是现阶段机器无法替代的。

其次，是把大数据当作智能制造。其实，大数据只是智能化的手段。智能制造的关键词还是"制造"。脱离了制造设备的升级迭代，大数据、物联网与云计算等新技术都是无源之水。

我国制造业数字化已有 30 多年的历史，但仍有很多企业欠缺数字化的基础——自动化和信息化，以及由此产生的各种数据库。另外，许多企业对这些概念的理解和实施存在偏差。

从制造本体出发实现智能制造的一个基本路线应为 2.0（自动化）—3.0（信息化）—4.0（智能化）。虽然工业 2.0 并非必须要先实现 3.0 才能追求 4.0，但是，这并不意味着工业 2.0 和 3.0 的技术基础是可以省略和跨越的。不要在落后的工艺基础上搞自动化；不要在落后的管理基础上搞信息化；不要在不具备数字化、网络化的基础上搞智能化。这是我们智能制造过程中必须警惕的陷阱。在进行升级改造的过程中，企业应总体规划自动化、数字化、网络化、智能化升级方案，并行推进。

最后，是把自动化当作智能制造。智能制造强调自动化系统和工业软件的集成协同，并体现先进的工艺技术和管理理念。在此基础上，更需要植入先进的感知系统、控制手段、网络技术和云计算等，进行长时间的数据收集积累，开展数据分析和建模，并不断迭代优化，以实现生产过程快速有效的运行，才能支撑先进的制造方式实现自适应，进而应对复杂的生产环境。

中国特色的转型升级

如何避开种种误区？又如何准确把握中国智能制造的转型逻辑？

早在 2015 年，中国就提出了"中国制造 2025"，并明确指出：以体现信息技术与制造技术深度融合的数字化、网络化、智能化制造为主线。其实，中国制造的工业化与信息化，基础相对薄弱，照搬德国或美国模式都不现实，而集百家之所长，将工业化与信息化一手抓，两化融合发展才是智能制造的中国答案。

国家战略落脚到企业层面，更需要因地制宜的中国智慧。现在已经更名为"酷特云蓝"的服装制造企业——青岛红领，就是一个通过不断摸索得出的中国智造样本。它的智能制造之路经历了三次迭代。

第一次迭代，是用"土办法"解决问题。

在早期没有信息化技术的情况下，红领集团如何完成初始数据积累？创始人张代理的"土办法"，是让工人手动地把一两百道工序全部编成代码，写在布条上，然后贴到衣服上作为数据标签来进行数据传递与生产协调。

后来，布条变成了 RFID 射频识别卡，顾客 19 个部位的量体数据，加上面料、色系、肩型、驳头型与胸口袋等 100 多项个性化定制数据，汇入工厂数据系统平台。

第二次迭代，是用数据驱动制造。

从 2002 年至 2008 年，红领集团积累了超过 200 万组顾客个性化定制的版型数据。在此基础上，继续在生产环节上挖掘更多数据，建立数据关联与运行模型，形成了9666个既独立又互相关联的数据和20多个生产流程子系统。

最终，红领集团所有的生产流程和质检管理都实现了数据自动化采集与分析。比如红领集团的数据平台可以监测生产效率，从而分配给工人最适合的工序；订单、物料和成衣等数据联动，保障物料供应不间断，甚至实现零库存。

第三次迭代，是输出方法论与升级模式。

将产品分解为成千上万个标准件，再将不同规格的标准件数据标签化，最后建立数据关联运行系统来适配生产线。董事长张代理根据红领集团智能化改造的历程，总结出一套方法论与实践模式来帮助其他制造领域的企业，实现柔性化与个性化的智造升级。

在实践当中摸索，再用实践来验证，最终总结出规律。红领集团的智造之路，是东方实用主义哲学与西方先进技术理念的融合，也是中国特色的智造哲学。

实际上，即便国情不同，路径有异，但最终都是殊途同归——不论哪个国家的路径，都是以新一代信息技术与制造业深度融合为主线。而智能制造的核心还是要重塑价值观，智能制造的顶层设计，应该把"以人为本"作为指导思想。

人类历史的前三次工业革命，分别是以人才汇集、人才管理、人性激发为主线，现在进行中的智能制造也一定离不开人，人仍然是智能制造的核心价值。现在，很多企业在转型升级智能制造过程中，偏重于机器人等装备技术而忽视了人的价值。

中国的制造企业要想在全球拥有话语权，提升自身的竞争力，除了在设备自动化和MES信息化上建设以外，还要在管理提升、人员培养、产品研发、产品质量与结构调整等方面下功夫。让制造业人才充分发挥自身的能力，为企业的创新和发展贡献力量，助力企业智能制造转型升级。

第二节　工业大数据：三个"盒子"里的制造秘诀

智能制造是由两个关键词组成："智能"和"制造"。那么，大家有没有仔细想过，究竟什么是智能？智能是智能制造的前提，但不少人对它只有一个抽象的概念，却没办法把它解释清楚。

实际上，我们说智能的本质就是主体能够在复杂多变的环境当中发现不确定性因素，并解决不确定性问题。无论是生物智能主体还是非生物智能主体，要想实现智能，都必须建立在充分的感知、交互、分析以及处理自身和外部环境信息的基础之上。

也就是说，没有信息就没有智能，没有信息的组织与交互，也就无法解决不确定性问题，而信息越及时、越准确、越完备，主体的智能化水平也就越高。

工业数据逻辑

我们把它放到制造业上来看，制造业的智能化如何实现，不确定性又通过什么办法来解决呢？答案就是工业大数据。

在前面的大数据章节，我们谈到大数据思维一个很重要的方面，就是从因果关系转变为相关关系。但这更多的是涉及商业大数据范畴，因为这些理念，除了对制造企业市场营销等部分业务有所帮助外，对制造过程本身的价值实际并不大。制造业更应该关注自己最擅长、最有优势的工业大数据。

那么，工业大数据与商业大数据到底有什么区别呢？

实际上，商业大数据具有发散性，比如，商场中啤酒的销量高低也许与跑步机销量有相关性，也许与花生米的销量有相关性。而工业大数据注重因果关系，具有更强的专业性、关联性、流程性、时序性和解析性，它表现为两个最主要的特征：

一是精准。商业大数据最重要的是全集与海量，可以有一定的容错率；而工业大数据要求极致的精准，因为一旦在工业生产制造上出现了一丝一毫的数据偏差，对整个生产流程都会带来巨大的损失。

如果3D模型设计错了，生产线制造出来的产品就是废品；材料规格有差池，制造出来的产品就不能算合格品；而机床精度不够，零件质量就会大打折扣。这都需要工业大数据对"精准"有更高的要求。

二是多模态关联。工业领域的数据，结构虽然复杂而多样，但是关联性极强，能够在统一的数据模型中协同传递，层层逐级放大。

比如，在工厂里出现废品，无非就是人、机、料、法、环和测等几个方面的因素，有经验的师傅或技术人员可以很快进行定位，而不会考虑是否与雾霾有关，也不会考虑是否与窗外驶过的汽车有关。这就是工业大数据所展现出来的强关联性。

结合这两个特点，工业大数据的本质是以数据形式呈现的"信息"或"知识"，而不只是单独的数据。

放在工件加热处理的环节来理解，假定要求炉温为500℃，保持加热半小时，但中间某一时刻我们采集到的工件数据是600℃，我们就知道这个工件的温度超过了预设的数据。这时监控系统知道出现了废品，会马上报警，这已经超出数据层面而上升到信息和知识层面。生产线再采取相关措施去干预，进而又上升到了智能层面。

由此可见，工业大数据不是简单的数据，在相关系统支撑下，它可以很轻松地加载上信息属性，甚至是知识属性。

黑白灰三个盒子

工业大数据如何在制造业中发挥作用呢？

首先我们来看传统制造系统的五大要素：材料、装备、工艺、测量和维护，实际上过去的三次工业革命，都是围绕着这五个要素进行的技术升级。

而今天到了第四次工业革命，最关键的智能化升级就是在传统的制造业五大要素上增加了第六个关键要素——建模。

这里的建模就是把工业大数据，即工业制造相关的所有数据、知识和经验，都通过智能算法形成一个系统模型，从而实现对整个工业系统的把控和统筹。

为什么制造业需要工业大数据模型发挥作用呢？因为我们发现，在以往的制造过程中，我们只关心已经发生的问题，比如产品缺陷、加工失效、设备损坏和系统故障等。因为这些问题在工业生产上是可见、可测量的，往往比较容易避免和解决。

然而，随着制造业的不断发展，我们已经越来越注重工业生产中的不确定性问题，比如设备的性能下降、健康衰退、零部件磨损，还有运行风险升高等，这些问题很难通过测量被量化，短期内也不会造成严重后果，但它们往往是工业生产中不可控的风险。

为了避免这些风险，就需要工业大数据的系统模型。那么，具体如何实现呢？

首先，可以利用工业大数据建立白盒数据模型，避免可见问题的发生。

工业制造是围绕固定的工业机理来配置的，比如固定的设计工序、产品结构和工艺参数等，这些机理都环环相扣。而传统制造的诊断式维护，就是当机器出现故障时，主动停机维修。这种停机不但会造成上游机器的物料堵塞，还会造成下游机器的物料供给不足，大大影响了整个系统的生产效率。

针对这样的情况，可以通过研究大量工业机理问题与解决方法，打造出白盒数据模型。它最大的价值就在于，可以在不影响其他工序的情况下，主动将某一个环节的机器停机调整，从而实现整个制造系统的预防式维护，避免造成不必要的损失。

事实证明，白盒数据模型带来的预防式维护，可以更有效地延长机器寿命，并且降低运营成本。

其次，能在白盒数据模型的基础上利用工业大数据，进一步打造灰盒数据模型，对不确定性问题进行预测分析，实现生产系统的自省功能。

白盒数据模型基于工业机理，但工业机理在实际运行中，会出现大量的不确定性，比如内部设备损耗、参数波动和生产环境影响等。我们通过工业大数据，挖掘这些隐性的问题、知识和经验并建模，就形成了灰盒数据模型。

举一个日产公司的例子。公司在生产线上投入了大量工业机器人，虽然很高效，但会因故障而引发停机事件。为了避免这样的情况发生，就必须提高生产效率，从 2010 年开始，日产公司引入了一套机器人的健康预测分析模型，本质上就是灰盒数据模型。

我们知道工业机器人最复杂的部位就是机械臂的运转，也最难进行监控管理。日产公司通过集群建模的方法，收集分析机械臂所有的运作数据，形成一个"虚拟监控中心"。这个监控中心一旦发现有机械臂行为与原有集群模型产生差异时，就会自动生成健康报告，传递到生产系统及时调整。

这套模型引入后，日产大多数机器人的隐性故障都能至少提前两三周被系统发现。

最后也是最关键的环节，我们可以利用工业大数据设计黑盒数据模型，实现逆向反馈，从根源上优化工业系统。

与前面两种模型不同的是，黑盒数据模型既不是从问题出发，也不是通过数据进行分析，而是从结果逆向反推问题的原因，并将最终的解决方案嵌入模型，投入制造系统进行优化与再创新。

比如我们调查航空事故的原因，逆向反推提升航空工业制造水平。在联合航空 232 号航班事故中，美国人调查发现，因为起飞前的例行检查，忽视了发动机风扇盘的裂缝问题，导致风扇盘断裂，以致引擎爆炸。但通过反向层层深挖数据，美国人最终得出结论，其根本原因是制造过程的缺陷，风扇盘中钛合金部分的杂质过多，纯度不够，从而引发风扇盘裂纹增大。

这个由大数据分析出来的最终结果，被打造为黑盒数据模型，在之后的飞机发动机制造系统中发挥了作用,提高钛合金锻造的熔炼温度与次数,以确保相关部件的品质,从根本上解决问题。

从智能产品到智能服务

实际上,工业大数据除了赋能生产线以外,它另一个层面的价值是从制造端向使用端的延伸。对于一个制造企业而言,它不只关注如何制造一个产品,还应该关心如何去使用好这个产品,实现产品为客户创造价值的最大化。

这里我们来看看高圣智能带锯机床的案例。

高圣是全球市场占有率第二的带锯机床生产商,主要生产用于对金属物料的粗加工切削的带锯机床。在发展进程中,高圣逐渐意识到产品增值服务的重要性,它发现客户真正关心的并不是机床本身,而更在意机床的切削能力、切削质量和切削成本。

我们知道,带锯机床的核心部件是用来进行切削的带锯,而在加工过程中,带锯会随着切削体积的增加而逐渐磨损,造成加工效率和质量的下降。当磨损到一定程度之后,带锯就要进行更换。

在实际生产中,带锯寿命的管理成为最大的难题,因为它具有很大的不确定性,比如加工参数、工件材料、工件形状和润滑情况等,都会成为影响因素,很难精准地预测判断。

一个制造工厂往往要管理上百台机床,需要大量的工人时刻检查机床的加工状态和带锯的磨损情况,根据经验判断更换带锯的时间。如果带锯过早更换,就会造成成本的浪费,而过晚更换,则会影响产品质量。

高圣的解决方案是,利用机床的 PLC 控制器和外部传感器来收集加工过程中的工业数据,包括转速、下降压力、电流、润滑液流量与带锯振动等信号。通过工业大数据分析建模,将切削工作状况的不确定性因素进行归一化,从而形成带锯寿命衰退分析与预测算法模块,实现了带锯机床的智能化升级。

更有价值的是,高圣在实现带锯机床"自省性"智能化升级的同时,开发了智慧云服务平台,为用户提供客制化的机床健康与生产力管理服务。用户可以通过这个平台管理自己的生产计划，根据生产任务的不同要求，匹配适合的机床和带锯。当带锯磨损到无法满足加工质量要求时，系统就会自动提醒用户更换带锯，并从物料管理系统中自动补充一个带锯的订单。

这种管理服务，使得用户的人力使用效率得到巨大提升，并且避免了凭借人的经验进行管理带来的不确定性，大大发挥了工业大数据在企业产品服务转型方面的价值。

第三节　透明工厂：制造升级桥头堡

我们知道，不论是工业 4.0 还是智能制造，都绕不开一个核心问题，那就是对未来工厂的打造。那么，未来工厂是什么样子呢？我们先从一种普遍现象讲起。

黑箱弊端

相信大家都遇到过这样的情况：购买回来的产品出现质量问题，你去找店家理论，店家要么马上换货，要么退货退款。但究竟是什么原因导致了质量问题，你和店家都无从知晓，更无法及时反馈给厂家。是生产流程问题，还是生产工艺问题，或者是物流运输问题，这些我们都无法追溯。

看不清，弄不明。这就是传统工厂的黑箱弊端。

我们把传统工厂看成一个两端开口的箱子，厂商在入口端投入原料、能源和生产资源，就能在出口端收获相应的产品。但是，对于大多数厂商来说，这个箱子是黑色的，他们只能核算箱子之外的投入和产出，而箱子里具体发生了什么，比如生产进行得如何，怎样组织生产最优，为什么订单没有按时完成等，往往不太清楚。

这背后其实是设备数字化与互联化的问题。有调查报告显示，中国制造企业的设备数字化率只有 38.9%，而数字化设备的联网率只有 32.1%。在数字化与互联化上的缺失，直接导致黑箱工厂"瞎""哑"和"傻"。

首先是"瞎"。在车间现场，我们经常看到工人在设备控制面板上手工逐字输入程序，设备对外联系的通信功能形同虚设。一方面，设备"看不到"外界信息；另一方面，这种人工在线编写程序的方式也会造成"工人很忙、机床很闲"的情况。因此，与外界信息不通畅，设备单机孤立工作，可称之为"瞎"。

其次是"哑"。如果设备没有远程监控、数据自动采集等功能，设备运行状态、生产信息，甚至是故障信息等都是不透明的，出现问题相关人员不能及时获知，容易造成更大的损失。也就是说，设备是哑的，是不会说话的。

最后是"傻"。由于设备没有互联互通，设备状态、生产信息等无从自动获知，只能靠人工事后反馈，效率低且易出错，建立在这种人为数据基础上的决策就必然是不及时、不科学的，甚至是错误的。不科学、不智能，从另一个角度可用"傻"来概括。

管理学大师彼得·德鲁克曾经说过，"你如果无法度量它，就无法管理它"。没有及时、可靠的数据支撑，要进行科学管理就成了一句空话。

工厂会说话

那么，如何让工厂"会说话"，且变得"聪明"起来呢？

试想一下，如果工厂里的设备、物料和工件都会"说话"，设备说："我已经空闲了，请送物料过来！"工件说："我在 20 分钟后就被加工完成。"最后系统提醒："下道工序是在哪台设备上加工？"那整个工厂的生产体系运转，将会多么清晰流畅。

这就是"透明工厂"的设想。整个工厂都在系统与设备的自动统筹与协调下，透明、清晰、高效地运转。

早在 1997 年，法国工业巨头施耐德电气，就提出过"透明工厂"的概念。当时的技术更集中于硬件和连接，而如今信息采集和通信问题已经解决，接下来的关键就是数据处理。

实际上，透明工厂所谓的透明，指的就是数据透明。全面采集、处理和分析工厂各层级和各环节产生的数据，这些数据不仅为厂商自己所用，还开放给上游供应商、下游渠道商以及终端用户。不仅提高了整个流程的生产效率，还能做到"生产原料及设备可追溯""工艺流程及产品流向可查询"等。

2015 年，海尔在线上召开了一场"透明工厂"的发布会。海尔在工厂中安装了摄像头，在中国 100 个卖场以及互联网上，实时直播工厂生产制造的场景，吸引了 4 万多用户同时关注。不仅如此，海尔的透明工厂还能听懂用户的订单语言，并按照用户的个性化需求，实现下单、制造与交付的全流程自动化运营。

如何打造透明工厂

对于传统工厂来说，如何解决"瞎""哑""傻"的黑箱问题，转型成为"透明工厂"呢？

我们大体可以分为三个阶段：

第一个阶段是"治瞎"。通过摄像头与传感器等数控监采装置，对制造过程中产生的数据进行实时抓取与采集，让各个设备能够看到数据。

第二个阶段是"治哑"。通过互联互通的联网系统，将各个环节上的生产设备连接起来，让所有数控设备都融入到整个信息化系统当中，让各个设备能够用数据对话交流。

第三个阶段是"治傻"。通过工业大数据建立算法模型，不断优化流程与工艺中的短板，从而实现整个工厂生产资源的最优配置、生产过程的透明监测以及制造系统的高效运转，如同给工厂装上了一个聪明的大脑。

这当中核心的价值在于，要让制造系统拥有自我学习及维护能力：透过系统自我学习功能，在制造过程中落实资料库补充、更新及自动执行故障诊断，并具备对故障排除与维护，或通知对的系统执行的能力。

除此之外，透明工厂的智能系统，还可以通过物联网，接入上游供应商、下游渠道商、物流商以及终端用户，最终形成一个信息无缝衔接、数据高速流动、决策高度智能的智能制造网络生态。

回到海尔的案例。我们一起来看看海尔模具厂是如何转型成为"透明工厂"的？

为了提升生产效率，降低对工人技能的依赖，海尔模具厂从2013年开始了"透明工厂"的改造。首先，他们通过一个信息化系统，将130多台数控设备进行了联网、采集、分析与展现，让加工程序、刀具数据、机床状态和生产进度等数据可以自由流动，实现了虚拟系统与物理工厂的深度融合。

其次，他们将传统的串行作业优化为智能化并行作业。把生产管理、工艺、计划、班组、质量设备与各部门整合到一起并行管理。系统可以自动发送手机短信和电子邮件来减少班组长、操作工、设备维修组、电极准备室以及刀具室等相关人员的响应时间。

最后利用工业大数据，海尔模具厂实现了智能化管理。管理者在办公室就可以实时且直观地查看资源配置、工序状态、生产进度与运行参数等信息，并通过工业大数据分析，将海量数据转化为各种图形与报表，作为提质降本增效的决策参考。

最终的结果是，海尔模具厂的生产效率足足提升了20%以上。

精准智造流程

重庆青山工业公司始建于1965年1月，是中国兵装集团所属企业，是全球十大汽车变速器研发与制造企业之一，产能达到每年300万台，国内汽车变速器市场占有率达12%。

随着整车企业需求加大，新车型上市周期缩短，对零部件企业的快速、准时、准量、高品质交付要求越来越高，青山工业公司开展了基于信息化、网络化、自动化与智能化的精准物流管理。

青山工业公司具体实现了三个方面的智能化改造：

一是精准分拣。传统的物料分拣为保证生产的连续，会在生产线旁形成一定的堆积，甚至把一些近期不需要的物料也进行了分拣，无法实现分拣的精准管理。

青山工业公司实行了拉动式生产，生产计划会提前一天发布，系统会根据不同类型的产品样本，对其所需要的零部件物料进行分拣，并根据生产时间安排，逐个将需求信息发布给立体库管理系统。立体库管理系统则根据指令，将指定的物料自动铺货到分拣区域，保证铺货物料在时间和数量上的精准。

同时，为减少分拣人员的工作量，立体库还在系统中进行分拣区的区域化划分，系统会根据不同区域，将分拣物料铺货到相应库位，以减少人员寻找物料库位的时间浪费，进一步保证了分拣管理的精准。

二是精准配送。为避免生产车间出现物料堆积或缺料等待的问题，准时、准确的配送就成为必要条件。青山工业公司依靠 Andon 系统进行物料需求配送的拉动。当生产现场物料消耗到一定量时，Andon 系统会自动提示配送人员进行对应生产线物料的配送，以确保配送实现精准管理。

三是精准追溯。追溯管理是质量、交付管理的重要环节，青山工业公司通过对整个制造物流过程的不断优化提升，做到了对零件追溯、产品总成追溯、质量追溯以及过程人员追溯的精准管理。

其中特别重要的是质量追溯。青山工业公司可以实现零件向总成的正向追溯，以及从总成向零件的逆向追溯两种方式，来完成质量追溯的过程。一旦发现质量问题，通过智能化系统的联动，就可精准及时追溯问题产品，包括问题产品所处库房、状态和数量等信息，从而对问题进行快速反应、精确定位及快速解决。

这就是青山工业公司精准智造流程管理的秘密。

如果将一个工厂比作人体，那么生产设备和工厂结构就是人的骨骼，电气系统就是人体的肌肉组织，而软件系统就相当于人的中枢神经。三者互相协调，缺一不可，共同组成完整的智慧工厂系统。

透明工厂在未来有无限的想象空间，但是也存在诸多不足：

比如工业大数据的运用并未实现真正落地，部分工厂只存在数据而无法找到合适的方法有效利用。比如系统集成困难重重，整个智慧工厂系统涉及机械设计、电气系统设计、软件系统设计、项目管理和人员管理等诸多环节，而设备提供厂商更是多达数百家，我们如何将庞杂孤立的子系统有效地整合在一起，实现高效和精准，还有很长的路要走。这些都需要我们的制造企业在实际行动中去探索。

第四节　雾霾时代：中国智造如何转移位置

为什么说中国的制造业处在一个雾霾时代呢？

雾霾时代并不是一个悲观的概念。以大数据与人工智能为代表的新一代信息技术，正在颠覆传统的制造逻辑与模式，生产力、生产关系和生产资料都将被重新定义，所有的制造企业都处于一片雾霾之中，未来前景充满了未知与不确定性。

这种不确定性就是雾霾时代的最大特征。

新一轮技术红利几乎将中国制造与欧美制造拉到了同一条起跑线。中国制造企业正迎来新的历史机遇。那么，它们应该如何拨开迷雾，找到智能制造升级的最佳路径？这是雾霾时代下最重要的命题。

不可否认的是，中国制造业确实也面临"大而不强"的现状，以及内忧外患的困境。一个重要的考量标志就是，在全球制造业生态下，我们仍处于相对不利的位置：较低的产业链分工、较低的产品定位和较低的市场层次。

所以，我们智能制造的转型升级最终要完成的目标，就是实现全球制造业价值链的"位置转移"。

位置转移的转变路径

位置转移就是指从产业链下游的加工组装，向上游的零部件和材料领域延伸；从技术含量低的环节向技术含量高的环节渗透；从某一领域的外围产品向核心产品推进；从较低层次的市场空间向高价值市场层级上移。

例如，芯片制造企业的基础差、起点低，只能从技术含量低的封装环节起步。当经验与能力积累到一定程度时，就可以进入上游的晶圆加工环节，并逐步上移至芯片开发环节。而对于芯片产品而言，我们又可以从外围的应用芯片入手，逐步延伸到平台型的核心芯片。

位置转移意味着工艺、设备和技术水平的提升，对智能制造提出了要求。根据转移的方向、步骤、路径和力度，制造企业可以逐渐提升制造系统的信息化、自动化和智能化程度，从而使智能制造变成一个有清晰战略目标牵引的、具有操作性的过程，成为战略目标实现的基石。

那么，制造企业到底如何完成"位置转移"呢？最关键的是三个"路径"的转变。

第一个路径是从面子工程到实用为王。

不要在落后的制造工艺基础上搞自动化，不要在落后的制造管理基础上搞信息化，不要在不具备数字化、网络化的基础上搞智能化。我们不少制造企业不惜重金打造豪华版的智能工厂，结果却是只能看不能用。

企业在推进智能制造的过程中，一定要明确自身需要解决的关键问题，分期分重点，选择合适的技术、系统、设备和团队，制订合理的实施计划。

比如，我们实现自动化生产，是为了解决产品质量不稳定与生产效率低等痛点；引进机器视觉技术，是为了强化零部件装配与关键质量控制点；而打造虚拟仿真系统，是为了建立与物理工厂完全匹配的数字化工厂，实时监控物理工厂运转状态。

第二个路径是从局部改造到整体优化。

"机器换人"是制造企业最大的智能化转型误区。机器虽然能够减少人工，提高单个工位的效率，但是对于提升生产线整体效率的意义并不大，而且往往会将瓶颈工序转移到生产线上的其他环节。

正确的方式应该是利用"可视价值链"等方法，根据生产的产品类型、产量、批量、制造工艺、产能和物流传输形式，对生产线进行整体优化。

例如，一家集装箱制造企业在进行集装箱侧墙板和顶板生产时，对原来的平板剪断、罗拉成型、拼板点焊与自动焊接的工艺流程进行改造。不仅改为先焊整板再进行成型，还将原有的纵向焊缝改成横向焊缝，既缩短了焊缝长度，又易于进行自动化改造，最终实现了从钢材开卷到成型的多工序连续自动化。

最后一个转变的路径，是从固化制造到创新智造。

个性化定制和产品增值服务是创新智造的两个方面。

个性化定制很好理解。我们来看劳斯莱斯的"客户定制计划"。上海曾有一位客户要定制幻影软顶敞篷车，劳斯莱斯甚至会为他分析什么样的颜色最适合他，最后给客户定制了他自己随身佩戴的玉石的颜色。

制造企业要实现个性化定制，最重要的还是利用大数据，分析挖掘用户潜在的个性化需求，然后再打造智能化生产线、数字化车间与透明工厂等，让用户需求直接参与到制造生产中来。

而所谓产品增值服务，就是从卖产品到卖服务。

我们可以看到，市值超过百亿的上市公司易事特，不仅承担了神舟一号到神舟十号的飞船特种电源供应任务，而且正在向"全球电能质量解决方案供应商"进军。

所以我们说，创新智造需要先创新再智造。

只有做到这三个转变，中国制造企业才有实力与机会，在全球制造新一轮分工中，实现更大的价值。以自主品牌打入国际主流市场，以资源优化配置联动新兴发展中国家。

中国智造的国际化战略

以前中国制造的国际化模式主要是代工。在广东、浙江与江苏等地，存在大量依托国际市场的加工型企业。虽然这是中国制造业发展的基础，但它始终在国际制造产业链分工中处于最不利的位置。如果我们把"位置转移"作为目标，那么中国智造将在国际化当中创造更高级的模式。

第一种模式是国外采购。与代工相比，它是国际化的高级形态：品牌归中国企业所有，并有一定的国际影响力。

最典型的例子是中集集团，其标准干货箱产品的国际市场占有率达到50%以上。这种模式的利润相对较高，具有可持续性。它依赖于企业强大的制造基础、技术和工艺能力。

第二种模式是自主品牌的国际输出。华为最具代表性。生产基地设在国内，销售组织设在境外，研发平台则根据实际情况国内外分置。这是一种融入当地市场、参与国际分工、进行全球供给链整合的模式，也是中国智造国际化的主要方向。

它可以打破国际市场上渠道与品牌的屏障，使中国产品的性价比优势与技术优势，为国际用户所深切认知和体会。同时，与国外对手正面交锋、直接争抢市场，有利于中国制造企业在残酷的竞争环境中发育、锻炼和提升核心竞争能力。

第三种模式是工厂下沉。这种模式可以更加贴近当地消费者，对市场的反应更灵敏、快捷，并能受到所在国的欢迎。

我们在东南亚与非洲等地开办工厂，把贴牌代工等低价值制造环节下沉到新兴发展中国家。而我们通过资源的优化配置，实现全球制造业分工价值链的上移，最终实现"位置转移"。

第四种模式是国际并购。比如联想收购IBM的全球PC业务、吉利收购沃尔沃汽车等。这是一种非常规的、跨越式的国际化方式。当我们能借助于资本杠杆的力量真正走上国际化价值顶端，我们也就真正实现了制造强国。

要站上全球制造产业链顶端并非易事，雾霾时代，尽管中国制造企业的国际化之路险阻重重，但是我们仍应乐观看待诸多有利、积极的因素和条件。

中国作为一个巨大的经济体，在全球经济系统中的吞吐能力越来越强，国际地位日益提升，分属不同经济体的其他国家，都希望和中国平等对话，从而进入中国经济的快车道。这也是中国制造实现"位置转移"的最好机遇。

二次替代国际"上位"

我们再回到华为的案例上来，看看华为"二次替代"的国际化战略与实现路径。

在20世纪80年代，国内的通信设备与国外相比，差距很大，以数字程控交换机为例，国内市场上几乎没有国货，全部是进口产品，而美国、日本等国及欧洲的产品报价非常高。

华为创立后不久，不满足于低端产品的代理和仿制，集中力量甚至孤注一掷地主攻数字程控交换机，通过"模仿—创新—替代"的路径取得突破，既赢得了市场空间，也迫使国外进口产品大幅度降价。而后来，华为一鼓作气，陆续开发路由器等网络通信产品，在国内市场逐渐取得优势。

像华为这样在国内市场上对国外产品的替代，我们把它称为"第一次替代"。这种"替代"对于当时欠发达的中国经济发展具有重大意义，是欠发达经济体实现工业化、追赶发达经济体的必由之路。

而当华为在国内市场已有一定的地位和优势，人力资源积累到一定程度时，它开始将战略重心转向国际市场，将"替代"的故事在国外又上演了一回。只不过这回渗透到了国外产业巨头的市场领地。

如果说本土市场上的"第一次替代"有赖于与地缘相关的因素和条件的话，那么"第二次替代"才真正见证了企业的竞争力。

当"第二次替代"从不发达国家市场转到发达国家市场时，"替代"的内涵就已经有所变化：长期由国外品牌占主角的部分高端市场开始出现松动。这与全球金融危机和经济衰退有关，因为国外老牌运营商也在压缩投资，寻找价廉物美的新兴设备及系统供应商。

华为牢牢地抓住了这一历史机遇，实现自身在全球价值链中的"位置转移"。

作为后发的挑战者，华为最大的优势是在产品性能几乎无差异化的前提下，价格比外国产品更有竞争力。

这种价格优势对于"高高在上"的外国品牌来说，可谓是"破坏性创新"，而华为产品性价比优势的背后，最核心的是知识型人才的性价比优势。

因为通信及网络产品的主要成本在于开发，而其中的主要部分是知识型员工的劳动报酬。20世纪80—90年代，中国劳动力在全球人力资源市场上占有巨大优势，华为把握住了这一波人口红利，最终实现了全球价值链的"位置转移"。

12

智慧教育：未来教育新生态

第一节　从"施教工厂"到"学习社区"

人类文明向前发展进步的本质，就是教育与技术持续不断地赛跑。而智能时代的到来，让教育和技术再一次站到了新赛道的起跑线上。

新技术引发的数智化变革，到底将为我们的未来教育带来什么？

实际上，教育和技术的关系是很微妙的。

我们现行的教育体系是工业社会的产物，核心是通过整齐划一的教学流程，批量化地生产人才。尽管难以照顾个性差异，但却为人类工业社会进步提供了不可或缺的人力资源基础。

但是，当人类社会迈进数智时代，这种传统的教育体系已经无法满足未来社会对人才的需求，新技术倒逼教育进入新拐点，教育的智慧变革迫在眉睫。

面向数字新生代

德国哲学家雅斯贝尔斯曾说过：教育的本质意味着，一棵树摇动另一棵树，一朵云推动另一朵云，一个灵魂唤醒另一个灵魂。

我们先要搞清楚"树""云"和"灵魂"是什么，才知道用什么方法去教育他们。

未来教育要面对的人群就是数字新生代。他们是在数字世界中成长起来的新一代人，从小就开始接触个人电脑、电子游戏、平板电脑及手机，也被称为"移动互联网原住民"。在数字新生代的眼中，技术不只是工具，更是生长环境的一部分，就像我们把电当作生活环境的一部分一样。

数字新生代最大的特点就是他们会以数字化的方式去思考和处理信

息。如今，孩子们从某个手机应用程序中发现和学习的东西，比从任何教科书中学到的东西都要多。

这也是当下教育面临的最大问题——教师在使用一种过时的、非数字时代的语言，试图去教一代几乎完全使用数字化语言的学生。

数字新生代的第二个特点就是追求极致的个性化和差异化，而传统的千篇一律的教育体系，显然无法激发数字新生代群体的最大潜能。

知名教育学家叶圣陶先生曾表达过这样一个观点，他认为"教育是农业，而不是工业"。

怎么理解？我们说农业是栽培作物，而数字新生代就像是农业产品，他们有生命力，有自身的特点和生活习性，也有属于自己的内在力量。对于这种内在力量，外部环境不能彻底改变它，我们只能因地制宜、因时制宜地培养他们。

在理解了数字新生代以后，我们就可以对智慧教育做一个清晰的定义：通过新技术带来的智慧方式，帮助学生获得个性化和舒适的学习体验，实现真正的因材施教。

智慧教育的三大路径

要实现智慧教育，我们可以从以下三个方面来看：

首先是创新智慧的学习环境，从"施教工厂"变为"学习社区"。

纵观教育的发展史，学习环境的变化几乎是微不足道的，教室就像工厂车间，教育过程则像工业流水线生产。如果把传统的学习环境比作"施教工厂"，那么智慧教育带来的环境则是"学习社区"。

这种学习社区是万物互联的智能空间，一方面，它将把千篇一律的教室变成灵活创新的学习空间，把单调乏味的建筑打造成智慧的育人环境。在这里，每个学生都能在快乐的环境下学习。

另一方面，人工智能会把冷冰冰的机器设备变成充满温情的"私人助理"。通过不断学习人类的行为和习惯，提出针对性的辅助策略，帮助学生开展积极主动的个性化学习。

其次是升级智慧的学习方式，从"学以致用"变为"用以致学"。

　　数字新生代的兴起，要求传统的教育方式必须改革，我们要更加重视每个学生的独特体验，鼓励他们在解决问题中学会解决问题，在做事中学会做事，成为能够应对未来复杂挑战的人才。

　　当今工业时代，我们把机器设计得越来越像人，而把人教育得越来越像机器。我们要打破这种固化思维，就要通过各种先进的教育技术，让数字新生代有机会观察微观世界，感知抽象概念，让他们更好地进行深度学习、跨学科学习以及无边界学习。

　　美国的密涅瓦大学就是最好的案例，它被称为"一所没有校园的大学"。四年本科学习分布在全球七大城市，包括旧金山、香港和伦敦等，通过与当地的高校、研究所和高新技术企业建立合作，学生可以使用一流的图书馆与实验室等进行学习，利用一切可利用的社会资源开放办学，实现了教育的结构性创新。

　　最后是重组智慧的教育管理，从科层机构变为弹性组织。

　　我们当前的教育管理大多采用科层制。这种模式虽然有利于提高效率，但缺陷也显而易见——机械的流程让学校和教师逐渐失去自主性和创造性。

　　而要实现"效率至上"，充分激发学校的办学活力，就要推行弹性的教育管理，比如我们可以建立科学家、行业专家的驻校制度，以及普通师生、家长与社区等参与学校管理的机制，形成依法办学、自我约束、多元参与、社会监督的网状治理结构，从而构建全社会参与的教育生态。

　　实际上，智慧教育在很多发达国家已有成效，比如美国的 HTH 公立特许学校，这所学校没有教科书，完全采用项目制学习的模式。HTH 的老师都是项目和课程体系的设计者，他们跨学科协作设计自己的课程，主导学校的教工会议探讨学校的议题。

　　教师还参与关于课程体系、评价、职业发展和招聘等学校最为重要的决策。同时，为了挖掘学生的潜能，比如培养工程师或科学家，学校会为每个学生安排 4~5 周的实习期，与工程师或科学家一起在实验室工作、学习。

　　科技永远无法代替教育最本质的东西，真正给学习和教育带来颠覆性革命的绝不是这些技术本身，而是信息技术所推动的思维方式和价值观的转变，只有将这些融于核心教育理念，才有可能带来突破性的变革。

智慧教育的最大挑战，就是如何利用学习的研究成果和当前的技术手段，去创造个性化的学习场景，来满足数字新生代的学习需求。所以，未来智慧教育的核心还是教育场景的创新。

中国电信的智慧教育解决方案

作为国家信息化建设的主力军和国内最大的综合信息服务提供商，中国电信一直致力于推动教育信息化发展，利用自身优势为学校教育、学生学习提供各种信息化服务。

为了满足不同教育阶段的需求，响应教育部"三通两平台"的号召，中国电信和教育部签署了战略合作协议，以资源云、学科云、大型开放式网络课程为抓手，以智慧校园为统一品牌，针对学前教育、基础教育、高等教育、职业教育和继续教育五个不同学段的核心需求，提供信息互动、教学互动、安全管理、管理服务和基础设施类产品，打造整体解决方案。

针对学前教育阶段，中国电信结合教育资源，开发了幼学通产品。

幼学通主要提供电子幼教教材、优质幼儿教育应用、图书与视频等内容，让幼师和家长能够便捷地使用信息化工具来进行幼儿教育。教师可使用大屏手机、平板电脑与幼儿互动，实现课堂教学并活跃课堂气氛。家长可自动获得幼儿园教学内容，实现幼儿园教学内容的家园互动。

针对基础教育阶段，中国电信结合教育资源，开发了翼校通、班班通和人人通产品。

翼校通是实现家庭与学校的互动、实时沟通的教育网络信息平台，其核心是家校互动、平安校园等功能，同时对接教育创新业务，引入优质的教育资源与应用，满足教师和家长对教学辅助的需求。

班班通基于"云资源平台+教室硬件终端"，实现优质资源随时获取。班班通标准版提供"终端+管道+云平台"的一体化标准解决方案，在中小学教室配备电子白板等多媒体教学设备，基于教育资源云平台，面向教师、学生和家长提供优质教学资源和各种学科应用工具；提供"一次性费用+月租费"的新型商业模式,降低学校一次性投入,实现快速建设、高效使用。

而人人通则面向教育领域全体用户开放,免费提供面向教育应用的存储空间与垂直社交服务。可与国家教育资源管理云平台、省级资源云平台对接,为教育资源平台用户提供额外的、更专业的存储空间与社交服务。

电信的"智慧教育"业务随着全国教育信息化建设的推进,在未来将会面向整个国民教育体系,同时也会形成企业与教育的良性促动,对促进教育信息化建设、提高教育水平与效率、普及全民教育等将发挥积极作用。

不可否认的是,在智慧教育体系中,教育才是目标,智慧只是手段。未来智慧教育的过程,是要通过全面融合、利用移动互联网、云计算、大数据、智能终端等通信信息技术与产品,开发助学助教的智能化教育系统及产品,构建智慧学习环境,以期培养学习者的自主学习能力和创新能力,并大幅提高教学、科研、管理的效率与水平。

第二节　新教育共同体下的无边界学习

现代学校教育制度是如何形成的呢?

在人类文明进步的漫长岁月里,教育最开始是在家庭和社会实践中共同进行的。直到工业革命时代,现代学校教育制度才开始走上历史舞台,并承担起了重要的使命——推动社会发展与文明传承的共同进步。

从某种意义上讲,学校是人类最伟大的发明。而中国能够快速发展,在很大程度上也是因为借鉴了西方的现代学校教育制度,大规模地培养了一批又一批的现代化人才。

随着智能时代的到来，我们对于教育的思考再一次发生了改变。

非线性的未来教育

我们常说科技是第一生产力。虽然传统的班级授课制以及学校的工业化教育体系以流程化、线性、大规模地培养人才的方式满足了工业革命后社会建设的需求，但对于教育来说，发现和激发每一个人的潜能，满足社会进步才是教育的最终目的。教育应该是非线性的，千人千面，而不是千篇一律。

威廉·休厄尔和罗伯特·豪泽等全球知名教育社会学家曾得出了一个令学校教育感到尴尬的研究结论，他们发现学校在孩子的学业方面并没有多少实际用处，而父母的参与和期望才是儿童成长的重要变量。

这些研究让我们重新对教育进行了思考，家庭和社会是否要回归到教育的本质？

美国学者乔伊丝·爱泼斯坦的"交叠影响域理论"对这一问题进行了回答。他认为家、校、社会合作共育，能构成一种"磁场效应"，会让所有参与者产生精神共振。这将是一种理想的立体化大教育状态。

因此，从未来教育的发展来看，学校这种孤立的，几乎"包办"一切教育资源的格局和形态，将被彻底颠覆和重塑。

基于这些判断，大家又产生了另一种思考，那就是教育中心的转移问题。未来是以教师的"教"为中心，还是转向以学生的"学"为中心呢？

前面提到，未来教育面对的是数字新生代群体，他们最大的特点就是个性化与价值差异化，所以未来教育必然要以他们为中心。

智慧校园的两大核心

智慧校园也可以称作"学习社区"。它最大的特点是区别于传统学校，不再是学习的孤岛，而是链接的环岛。它既可以是虚拟的，也可以是实体的。它是一个没有边界的开放体系。未来的学生，不是只在一所学校学习，而是可以在不同的学习社区学习不同领域的知识或技能，甚至可以跨区域、跨国界。

比如，新教育实验在全国 4000 多所学校实行。如果选择其中 100 所学校作为新教育共同体的学习中心，而这 100 所学校中每所学校都有自己非常强的特色教育资源和代表性课程，那么新教育共同体的学生，就可以在这些不同的学习中心之间游学选修。

如此一来，就在学习空间上打破了传统的学校概念。大学也同样如此，大家设想一下，未来清华大学的学生，可能是在清华注册入学，但是可以在全世界的大学选择课程，比如北大的文学课程、哈佛的幸福课程、麻省理工的电子学课程等。

只要是可以互相承认、互换学分、体系互通，就算是企业性质的学习平台或培训机构，也可以加入这个学习社区。这就是学习社区最具有开放性和多元性的体现。

除此之外，未来的学习社区也不会有统一的教材。

传统的“一本教材走天下，弄懂教材考不怕”将不再适用。未来学习社区的教材，国家教育部门只需要确定基本的课程标准，而教材的编写、出版和使用则引入竞争机制，最后由国家教材审查委员会和社会第三方机构共同选择优秀教材。

这个过程中，教师将会体现更加重要的作用，他将带领学生一起选择最适合的教材。

为什么我们更加重视教师的权限呢？因为我们对教师的认知维度发生了改变。除了传统意义上的教师人群，未来也会出现更多以人工智能为主的教师机群。

我们可以看到人工智能在教育领域体现出来的智慧：一方面，不论是知识体量还是专业深度，人工智能都能通过算法进行更好的吸收；另一方面，人工智能可以更好地掌握与理解每个学生不同的学习进度、知识体系及学习方式等，从而实现个性化教育。

但是，并不是说有了机器就可忽视人类教师的价值，而是对人类教师提出了更高的要求。实际上，我们对于教育的认知，不仅是科学知识的授予，更是艺术、品德与情感等多方面的综合成长，而这些则是人工智能无法教导的。

当教育的中心从教师变为学生，我们对未来教师的核心价值也就有了新的理解：教师的责任，在于为学生学习创造沃土，而不仅仅是传授现成的知识。

主动学习教室

这就是我们对未来智慧校园的构想。事实上，还有很多对于智慧校园不同的展现，"主动学习教室"便是其中的一种。

什么是主动学习教室？主动学习教室是灵活的空间，通常具有宽阔的过道，可移动的桌子（以便学生可以彼此面对面交流）以及其他灵活的家具。

它除了改善了学习空间，还改变了空间的使用方式。旋转椅和可移动的桌子可以支持团队工作、对等学习和师生互动。

主动学习教室还利用了支持协作的技术，例如用于课堂演示的多个投影屏。最终，这些教室可以结合更先进的技术，如增强和虚拟现实显示。而比特定的技术更重要的是，随着物理空间的变化，教学方法也被重新设计。

最重要的是，主动学习教室的所有内容都是专门为主动学习而构建的，从教室的设计到融入该设计的技术，再到结合这些技术的课程。

例如，在明尼苏达大学，其教育评估中心的研究与评估小组，将300多名学生安排在传统的讲课式课堂上，每周授课三次；将同一名教师安排在一个较小的、每周只见面一次的主动学习教室中授课。在那里，学生们在课外观看录制的讲座，并在课堂上解决问题。

研究人员对比报告称：那些每周只在主动学习课堂上见一次面的学生，在同样的标准化考试中表现得和那些花三倍时间在传统课堂上的学生一样好，甚至更好。

在另一个示例中，中央佛罗里达大学为其教师提供模块化家具和新技术，以探索主动学习教室。但是，中央佛罗里达大学同时也进行了课程的重新设计和教室的重新设计。

中央佛罗里达大学数字学习副教务长托马斯说："学校正试图利用我们在推进混合学习方面取得的成功，将一些额外资源引入课堂。"到目前为止，这种方法似乎是有效的，通过使用主动学习技术，教师们看到了学习效果的改善。

混合家庭学校

除了"主动学习教室"，混合家庭学校也被人们所关注。

如今，随着教育技术的发展，孩子在家上学也成为可能。他们可以通过结合面对面学习与在线学习两种方式来获得他们的教育，这就是所谓的混合家庭学校教育。这种形式带来了足够的灵活性，使得子女的成长变得非常个性化，而这恰好符合这个时代对个人的要求。

混合家庭学校的实现，可以让孩子们更好地分配在家庭学校与传统学校的时间，学生可以选择一部分时间在家，一部分时间在学校，或者其他多种选择。

美国教育改革组织 EdChoice 的国家研究主任迈克在《福布斯》杂志上写道："对于许多家庭来说，在家上学的成本和义务实在太过沉重。有些父母没有信心能把每一门课程都教好，这是家庭教育的限制。但最重要的是，许多在家上学的家庭希望他们的孩子与其他孩子交往，以学习如何与他人分享、合作和相处，这是孩子教育成长过程中最重要的社会教育。"

森林学校构想

此外，还有森林学校、沉浸式乐园和体验式空间等智慧教育方式，也是我们对未来智慧校园的构想。

在海拔 2600 米的四川省甘孜藏族自治州丹巴县，就打造了一个掩映在藏寨山间的概念"森林学校"。它是在 2015 年，由几位建筑设计、生态旅行和社区发展领域的专家提出组建的。

在这所 200 平方米的"自然"建筑内，"校区"功能齐全，包括餐厅、浴室、图书馆和多功能活动厅等，甚至还有温室植物玻璃房和星空观测室用来开展自然教育活动。

在这所"森林学校"中,学生们可以跟着向导一起在户外辨识植物、采蘑菇;可以爬上碉楼,了解当地的历史;也可以跟着民间手艺人学刺绣和编织。除此之外,学校还设计了修复古村道与水磨等项目,在培养学生动手能力的同时也改善了当地的居住环境。

"森林学校"的核心价值并不在于去森林中学习,而是利用森林里的自然资源与规律,引导孩子对知识的向往,在大自然的灵动中找回遗失的自我。

未来的智慧校园是丰富多元的,不论是什么样的形态,核心价值不会变,那就是通过新技术实现"以人为本,因地制宜"的个性化教育。

第三节　智慧教育的体验式革命

跟智能制造的工厂与智慧医疗的医院一样,教室是智慧教育最重要的实施场景。以人工智能、云计算和物联网构建的智慧教室,将给老师与学生带来怎样的新方法与新体验呢?

技术引发的教学升级

在传统的教学过程中,存在着许多学习效率的问题。比如,如果班级人数比较多,点名就会浪费大量的时间,在大学课堂上更是存在代听课的不良现象。

而智慧教室则可以通过人工智能,对学生进行面部识别,进行自动签到,既有效地代替了传统的点名方式,也防止了顶替现象,可以更好地管理学生的出勤。

另一个例子是，我们可以通过教室中的摄像头来收集上课的数据，而后台的人工智能智慧教学系统则可以及时分析上课的情况。当系统发现课堂上气氛较为活跃，或者气氛较为沉闷时，就会将这段时间的视频提取出来，当老师下课回到办公室时，就可以观看这些视频，分析原因。

这就是智慧教室的价值体现。那么，应该如何打造智慧教室呢？一般来说，有两种思路。

第一种思路是从教学管理的角度，通过技术赋能教学的方式为教师提供教育解决方案。

最典型的就是打造集智慧教学、人员考勤、资产管理、环境调节、视频监控及远程控制于一体的新型现代化教室系统。这种系统除了前面提到的智慧考勤与智慧课堂活跃度分析以外，还有很多新技术的运用。

比如课堂行为识别与分析。

我们利用智慧教室监控设备，对学生进行人体行为识别，包括头、颈、肩、手、膝和脚等多处人体骨骼关键点的组合和移动，从而获得学生上课举手、站立、侧身和趴桌等多种课堂行为数据。

根据反馈的数据，我们可以对学生的学习专注度和活跃度进行分析，帮助学校进行更细致的教学评估和更合理的教学管理。

又比如学业智慧诊断。依托人工智能技术，基于伴随式数据采集与动态评价分析，通过线上线下相结合的测试手段，不仅可以针对每一位学生智能化地输出评测结果、学业报告和个性化的提升计划，还能够针对学生的不同需求，精准化推送学习资源和知识点拆解。最终实现因材施教，帮助管理者全面督导和辅助决策。

比如某学生的数学成绩非常不好，只能考 50 分，如果用传统的学习方式，他要把 100 分的知识点全部学习一遍，这样效率极低而且容易产生排斥情绪。

如果我们使用智慧诊断系统，首先会检测该同学的实际数学水平，并诊断缺失的知识点，提供相应的补习方案。这时候，系统就会优先给他推荐 50~80 分的知识点，而暂时放弃 80~100 分高难度的知识点，这是因为系统判断出该同学当时的知识结构和认知水平无法迅速吸收这些内容。

当该同学完全掌握了50~80分的知识点时，系统再推荐80~100分的知识点，进行最后的练习。这就是人工智能与大数据在智慧教室系统中发挥的作用。

学习仪表盘就是一个很好的智慧教育系统。它基于信息跟踪技术和镜像技术，可以对学习者的在线学习行为进行精密追踪，记录并整合大量学习信息和学习情境的数据，按照使用者的需求进行数据分析，最终以数字和图表等可视化形式呈现出来，从而为在线教育的学习者、教师、研究者及教育管理者提供学习分析。它是大数据时代的新兴学习支持工具。

"快乐学"中学英语在线智能题库的学习仪表盘是目前我国最具代表性的学习仪表盘之一。它为学生、教师和家长提供了不同入口。学生入口的仪表盘页面能够显示学生在练习过程中的错题类型与数量，并通过分析学生在学习中的弱点与盲点生成个性化练习题，帮助学生强化和提高。

教师入口的仪表盘页面既能够支持师生间一对一的交互，又能基于对学习者的数据分析辅助教师生成个性化试卷，从而实现个性化教学。而家长入口的仪表盘页面在可视化子女总体学习指数的同时，还可以显示某类知识点的具体学习情况，从而辅助家长给予子女有效支持与科学引导。

技术带来的沉浸式学习

再来说说打造智慧教室的第二种思路，那就是从教学接收的角度，通过提升学习体验感的方式，为学生提供学习解决方案。

这种方式强调的不只是设备与技术的先进性，更是如何灵活运用技术来支持学习过程、增强学习效果。比如整合各种资源，提供多种教学工具，支持教学方式的灵活多变，支持丰富的学习体验，利于交流、协作和共享。

增强现实与虚拟现实技术，能帮助学生更好地进行沉浸式学习。

以增强现实AR技术为例。AR技术可以将虚拟信息应用到真实世界，让真实的环境和虚拟的物体，实时地叠加到同一个画面或空间。

地理教师可以通过 AR 将抽象的模型透过屏幕进行三维展示，比如地球围绕太阳进行公转，学生可以直观地感受到地球的运动轨迹，以及地球倾斜公转所造成的太阳直射点变化等天文现象。

上海徐汇中学就打造了全球首个"5G+MR 教室"，并通过 AR 技术实现了无缝化的虚实结合教学。

它让抽象化的知识点通过虚实结合的方式具象化地展现。在 AR 课堂上，通过 5G 将全息影像与真实物理世界深度融合，在沉浸式体验的基础上，让晦涩难懂的知识点能轻松直观地呈现，并通过多种人机交互对课堂教育进行全新呈现与诠释，大大提升了学生们的教育实效。

再来看看虚拟现实 VR 技术，我们可以看到使用这项技术的巨大好处——从增强回忆到建立同理心。

通过 VR 可以虚拟历史人物、伟人、名人、教师、学生与医生等各种人物形象，创造一个人性化的学习环境，使远程教育的气氛更加活跃、自然、亲切。例如古文学习，让学生处于虚拟场景与古人对话。

成都天府七中被授予"中国移动 5G 云教育基地校"称号，就是利用 VR 技术为本校学生提供精彩的情景交融课程，并且通过在线学习的方式为异地学生提供身临其境的学习环境。

天府七中采用云课堂形式，与凉山彝族自治州昭觉县万达爱心学校的师生们同上一节课。这样的课程，以前主要利用网络与大屏以在线直播或双师课堂的形式呈现。

现在，4K/8K 全景摄像机可以将天府七中老师上课的画面传输到云端，并且分别显示到远端教室的大屏幕和 VR 沉浸式头盔中，万达爱心学校的学生则利用 VR 沉浸式头盔同步学习。

学校的老师通过远端教室全景画面，时刻解答两个教室学生的疑惑，成功实现跨教室即时联动。凉山的孩子们看着屏幕另一端似乎触手可及的苔藓，同时也给天府七中的孩子们展示着自家种植的红薯和土豆。

这种以多视角共享优秀教学资源，身临其境的学习方式，相信会在 VR 技术全面应用之后，为教育资源均衡发挥重大作用。

实际上，学习游戏化也是未来教育的一大方向。

在今天这样一个大数据、大连接、大交互的时代，虚拟入侵与游戏占领是一个不可逆转的大趋势。早在 20 世纪 80 年代，游戏在教育技术和学习中的应用就已经引起学者的关注。教育学专家们提出了游戏内在动因的概念，强调了游戏在认知过程中的作用与价值——学习游戏化更容易被学生尤其是数字新生代所接受。

研究表明，游戏的动力机制、学生驱动、交互性与项目式等特性，对未来教育发展有价值和实践层面上的意义。乐高积木、MINECRAFT，甚至魔兽世界的尝试，让我们看到越来越多的人开始思考如何把娱乐与教育结合。

例如，台湾大学叶丙成教授的 PaGamO 是第一个把多人电竞游戏与大型开放式网络课程结合的平台，该项目还获得了全球首个创新大奖。德国的一家超市采用"Virtual Supermarket"的模拟游戏进行员工培训。在游戏中，员工可以通过回答模拟顾客问题，从而实现从底层到经理的晋升。

加利福尼亚州一家创业公司对愤怒的小鸟游戏进行简单的改造，让孩子可以学习简单的数学知识。此外，由考文垂大学严肃游戏学院和美国 Udacity 研发的一款 3D 罗马新星游戏，旨在让学生在游戏模拟体验中学习历史和数学知识。

媒体中心的未来空间

除了沉浸式学习外，我们再来看看美国中小学媒体中心的模式。

媒体中心的核心，就是通过整合信息技术和教学资源，从而支持线上学习与线下指导的混合模式。它可以支持学生探究、讨论和合作，为个性化学习提供条件，还可以实现正式学习与非正式学习的有效结合。

作为校园学术的心脏，美国中小学图书馆已经不再局限于书籍的收藏与管理，而是规划了不同的功能区域。由于区域职能不同，每个区域都有一整套技术规划解决方案。

媒体中心整合了多个物理空间来打造更灵活舒适的学习空间，包括灵活的空间布局，可随意调整的座位；电脑终端互联；多角度投影或黑板；

针对所有个体方便快捷的互联网信息检索、分析、呈现服务；营造师生、生生交流和共享的人际环境。

比如创新项目区域，就需要规划一整套的电脑与实验设备，支持技术型教员和学生在这里从事学习、教学和研究活动。当然还有咖啡机提供饮品，为学术研究创造更舒适的环境。

智慧教育不是一蹴而就的，技术引领的智慧教室革命一定是循序渐进的过程，这需要社会各界的共同努力。

第四节　谁能领跑智慧教育

教育智慧转型迫在眉睫，智慧教育呼之欲出。未来教育产业的发展趋势是什么？有哪些商业模式可以领跑智慧教育新赛道？

2003 年，新东方的一个 PC 网站上，一夜之间挂满了俞敏洪与其他多位老师的录音课程。这些课程音质低劣，让人无法坚持学下去。但那一年，算是中国在线教育的元年。

十年前，视频录播课突然爆发，一大批教育行业从业者涌入市场。但那时，没有人把教育和人性、反人性这些词联系在一起，课程的打开率与完课率之低，超乎了从业人员的想象。那是在线教育刚刚起步的阶段。

而大约五年前，直播流媒体技术日渐成熟，一对一真人外教在线少儿英语突然崛起，电话营销大军铺天盖地，在线教育被狂热的资本捧得泡沫丛生。

经过几年的冷却，时至今日，我们才看到，教育产业的风口实实在在地来了。拥有巨大用户量的教育信息化产品，各类拍照搜题与作业神器变异出的在线课堂，智能阅卷云服务与教育 SaaS 等教育大数据公司百花齐放。在线3~6人小班课、百人千人万人名师大班课等商业模式不断被创新。

智慧教育的五大模式

我们根据教育价值传递模式的不同,把智慧教育的商业模式分为五个大类:B2C 模式、O2O 在线教育平台、C2C 模式、MOOC 模式和 OCWC 模式。

首先,我们来说 B2C 模式。B2C 模式就是企业向个人提供教育培训的服务模式,这种模式需要掌握大量的上游资源,尤其是教师资源。如果只是成为代理商,这种商业模式很难持续下去。

目前资本看好的多属于 B2C 模式,如猿题库、51Talk 和爱考拉等。B2C 模式往往拥有海量的用户与百亿级的市场规模,吸引了大量投资。

但是,B2C 模式有一个难点,那就是向个人用户收费很难。越来越多的项目试图通过免费服务来获取大量用户,导致网络上有大量的免费同类产品,使得 B2C 项目的盈利变得越来越难。

其次是 O2O 在线教育平台。O2O 模式指原有线下培训业务的机构,开展在线教学业务;或者是原有的线上教育企业,开展线下业务,并使二者相互结合的模式,例如"e 学大"就是这样的类型。

它推出 3~6 人的"个性化小组课",通过大数据分析精准诊断学生特点,将具有共性问题的学生进行灵活分组、共同学习,既能保证个性化教育,又能实现精准的交互。它的价值在于化解了"共性"与"个性"的矛盾。

第三是 C2C 模式。C2C 模式是搭建网络教学和交易平台,绕开传统的教育培训机构,使教师和学生直接通过网络平台进行教学和交易。虽然 B2C 的在线教育模式占据主流,但从行业逻辑来看,C2C 模式才是在线教育的未来走向。

C2C 模式最大的优势在于学生与教师可以双双获益。但它也有着天然的缺陷——信任的缺失。由于 C 端的教师水平参差不齐,难以取得学生或学生家长的信任。因此,C2C 模式一般需要教师在获得平台的认可后,再开设线上的 C2C 工作室。教师的良好口碑是 C2C 模式成功的基础。

比如第九课堂，它在具体授课模式上采用线上付款、线下授课的方式，实行 15 人以内的小班制。授课地点一般由老师自行解决，如咖啡馆、自家客厅与书店等，所以它对老师的背书有极高的要求。

第四是 MOOC 模式，也称慕课，是一种大规模开放在线课程，它的初衷是希望开放优质教育资源，将优质学校的优质课程以大规模在线的形式提供给有需要的人，学生可以通过慕课获得该学校的学分认证。

Coursera 是美国最大的 MOOC 平台之一，创建于 2012 年。学生在 Coursera 上学习，完成所有课程后可获得认证结业证书，而 Coursera 会收取学生一部分的费用，这是 Coursera 的一种盈利模式。

Coursera 的另一种盈利模式是开发付费课程。知名大学可以设计一些高端顶级课程，针对精英人士学习收费，或者有偿提供其他高校使用。

最后一个是 OCWC 模式，我们叫它没有商业模式的教育模式。OCWC 又称国际开放课件联盟，是一个全球性社区，是拥有包括哈佛、耶鲁与麻省理工学院等多所高等教育机构和相关教育组织的联合体。它的使命是促进全球共享正式和非正式学习的教育资源，以及利用自有、开放、高品质的教育材料组成课程。

2011 年 1 月 18 日，网易宣布正式加入国际开放课件联盟，计划每年出资 100 万元，推出"全球名校视频公开课项目"，成为 OCWC 在中国唯一的企业联盟成员。目前，各个联合体机构汇总起来，共为 OCWC 提供了超过 20 种语言环境下的 14000 门课，OCWC 也被视为一个交流思想和未来规划的论坛。

要想颠覆教育，必须先懂教育。未来，智慧教育产业将迎来历史的新机遇。这也要求我们不仅要学习极致的教育技术与智慧思维，更需要懂得教育本身的博大精深。

群雄逐鹿智慧教育

腾讯：打造"腾讯云＋智慧校园"解决方案

2018 年在广州举办的腾讯"云＋未来"峰会上，腾讯首次设置了教育专场。在教育专场上，腾讯云发布了全新的以"新工科、智慧校园、在线教育"为核心的教育生态图景。

实际上，早在 2015 年，腾讯就正式涉猎智慧教育，彼时腾讯 QQ 也推出了第一个"互联网+教育"智慧校园整体解决方案。仅仅用了一年时间，腾讯的智慧校园产品已经覆盖了全国近 2000 所学校。截至目前，腾讯智慧校园已落地全国 30 个省市自治区，覆盖近万所学校、近千万师生家长用户。

腾讯的学校移动端校园生态圈解决方案，最大的价值在于结合了腾讯多平台资源，为教育局、学校、学生、教师及家长提供了智慧教学、智慧家校、智慧宣传、智慧安防、智慧办公和智慧数据等多个场景的服务。

此外，为解决各级教委、各类学校管理需求，打造"互联网+教育"新生态，腾讯也推出了针对教委、高校、中小学、幼儿园的定制化解决方案。

比如腾讯智慧校园的智慧教育数据中心，针对教育管理部门和学校的数据管理需求，打造了基于腾讯云的综合服务。通过数据规范制订、数据采集、数据互联从而实现教育大数据的分析挖掘。通过规范化教育采集存储，促进平台间数据的互联互通，从而解决"数据孤岛"问题。

另一方面，在微信智慧工坊智慧教育专场现场，微信支付团队、企业微信团队和腾讯云团队，从校园支付场景、大数据应用、线上服务等方面，携手开发了最新腾讯智慧教育一站式解决方案——通过微信校园卡打通校园服务场景，通过企业微信打造移动化校园管理平台，通过腾讯云助力校园升级大数据能力。

未来，腾讯智慧教育解决方案还将进一步拓展，与全国更多学校、教育机构展开深入合作，全面普及智慧教育。

百度："百度云+百度教育资源"，实现教育大脑赋能

百度云教育行业的解决方案是，依托云计算基础服务，借助"百度文库"的生态内容，构建"基础云技术+教育云平台+教育大数据"服务，推进教育行业的数字化和智能化。

易观发布的报告显示，百度教育生态圈主要由 TOC 和 TOB 两大使用场景构成。目前，百度教育正在实行"生态合作计划"，已与 1000 多家学校、5000多家教育机构以及400多家出版社建立了合作生态，正在逐步实现"AI+教育"的创新融合与服务落地。

利用人工智能、大数据和云平台，百度教育大脑整合百万级教育知识点，通过文档转码技术、文字识别等各种智能技术，进行内容整理、分析处理，形成教育知识图谱。

通过百度教育大脑，百度教育事业部整合教育内容生态，以"技术+内容"的智慧教育差异化模式切入市场，将教育内容同步分发至百度教育旗下文库、阅读、爱听、传课等各个产品端。

百度智慧课堂高校解决方案在南京落地，高效地解决了当地智慧图书馆和学习场景的智能化需求。截至目前，百度智慧课堂已为1000多所学校提供定制化的智慧教育解决方案。

华为："三通两平台"解决方案

凭借在教育行业多年的深耕，华为以"网筑数字校园，云播智慧教育"为核心理念，在整合"云-管-端"ICT产品基础之上，推出"智慧教育云""智慧校园""智慧云课堂""移动书包"四层次的智慧教育ICT解决方案。

此外，华为提出了"三通两平台"解决方案。华为"三通两平台"解决方案包括教育城域网解决方案、云数据中心解决方案、三通两平台视频教学解决方案。"三通两平台"建设的核心是教育城域网和区域数据中心，利用大数据和云计算技术进行优质教育资源的集中和共享。

我们来看看华为智慧教育解决方案在实际当中的运用。

2016年，华为远程教育解决方案在清华-伯克利深圳学院部署，实现了教学人员的无忧教学，提高了远程教学效率；系统7×24小时稳定运行，可随时进行各种日常办公沟通应用，提升了日常沟通的便捷性，系统采用国际标准协议，可与全球各高校的系统进行兼容互通，方便了师生与全球各大高校的学术交流。

此外，华为智慧教育解决方案不仅面向国内市场，也向海外积极输出。

2015年2月，华为与哥斯达黎加教育部展开合作，提供精品课堂解

决方案，使当地经济发展不平衡地区的学生能够享受和首都学生同等的
受教育权利，丰富了哥斯达黎加现有的教育体系。

　　总体来看，在智慧教育行业，无论是资金投入、人才储备、数据资源，
还是渠道合作、项目推进，巨头在智慧教育市场都具有绝对优势。不得不
承认的是，公立教育才是真正的教育主体，能否打造完善有效的智慧教育
解决方案，进入庞大的主体教育体系并成功落地，需要调动各方面的资源
支持，企业面临的考验会更加艰巨。雄关漫道真如铁，未来还有很长的路
要走。

感受智能时代的脉搏

　　置身于全球科技产业浪潮中,所有人对于人工智能的理解,都是矛盾的。一方面,人工智能仍然是高贵而冰冷的雪峰,众多陌生而高深的技术,仍然停留在试验阶段;另一方面,人工智能已然是平凡而滚烫的热土,众多成熟又亲民的创新,早已渗透进日常生活。

　　已在重庆举办了两届的中国国际智能产业博览会,成功地在人工智能的"高贵"与"平凡"之间,搭建了一座桥梁,让实验室高冷的创新与市场中成熟的实践,通过每年一届的盛会,相互审视、共同思考、协同实践。

　　这个时代不缺少新产品,也不缺少新技术,更不缺少创新者,真正缺少的,往往是让他们共聚一堂,并从这个大时代的角度,共同拼接一块面向未来科技世界的完整拼图。重庆,这座中国西部的智造重镇、智慧名城,恰好在一个蓄势待发的智能产业时代,搭建起了智博会这个属于全球智能产业的思想舞台,为完成这一"拼图"提供了难得的机缘。两届智博会上,全球人工智能领域的顶级科学家、企业家、创新者、研究者,从四面八方相聚而来,又向五湖四海分散而去,而他们以智慧汇集的智能产业拼图,终于能让世人一窥智能产业的未来。

　　智博会对于全球智能产业来说,既是一个新兴的创新交流目的地,也是一个未来的创新进化新起点。从 2018 年到 2019 年,智博会才刚刚举办了两届。按理说,现在进行总结显得为时尚早,但在此过程中沉淀的海量智慧,宛如遗落海滩那星罗棋布的珍珠,若不及时加以整理,总让人担心它们会被埋进沙里。

　　中共重庆市委宣传部敏锐地察觉到了这一点,市委常委、宣传部部长张鸣同志提出，要及时总结、宣传好智博会，吸收利用全球智能产业的探索成果，推动重庆建设智造重镇、智慧名城。市委宣传部副部长李鹏同志、吴玉荣同志对图书的写作和出版工作做了安排部署，重庆市委宣传部出版处具体协调指导多个专业团队紧密协同，完成本书的编写及出版。智博会秘书处主任何永红同志及秘书处的李念梓同志，整理了两届智博会大量的图片及文字资料，给图书的写作以极大支持。黄桷树财经和信风智库成立了两个专项研究与创作团队，从海量的信息中梳理、分析、挖掘、创作，分别完成了《解码智能时代：从中国国际智能产业博览会瞭望全球智能产业》和《解码智能时代：刷新未来认知》的中文创作；重庆邮电大学 MTI 翻译团队的王蓉和胡文江带领团队成员严琼、唐丽、舒畅、胡宇、郝平、石青枚、赵蔺、孟浩、张丽荣、程浩源、王紫祥、陈淑芳、王旭丽、徐黎等同志高质量地完成了英文翻译工作。为了确保表述的准确，重庆大学出版社特邀重庆大学李珩博士、智博会秘书处何永红主任等专家和领导对书稿进行了审读。重庆大学出版社社长饶帮华同志带领编辑出版团队，字斟句酌，精益求精，高水平地完成了本书的编校排及装帧印制等工作。

汹涌澎湃的智能产业，已经成为驱动科技时代运行的动脉搏动，强劲而稳健，清晰又规律。作为本书的编写者，我们轻轻地捡起、擦拭散落在两届智博会各个会场、来自全球智能产业最前沿的思想珍珠，并以书本的形式充分且生动地记录、呈现智能时代思想的力量。我们希望，通过本书的阅读，读者能够感受智能时代这强劲而规律的脉搏跳动。

以此后记，致敬智博会，并对所有促成本书立项、提供写作素材、执笔书稿编写与翻译、参与本书审订、帮助本书出版的单位与个人，致以深深的谢意。

编写组
2020 年 6 月